Los lagartos terribles
y otros ensayos científicos

Ciencia y técnica

Isaac Asimov

Los lagartos terribles y otros ensayos científicos

El libro de bolsillo
Historia de la ciencia
Alianza Editorial

Título original: *Extracts of: The Left Hand of the Electron — The Solar System and Back — From Earth to Heaven*
Traductor: Francisco Morán Samaniego

Primera edición en «El libro de bolsillo»: 1978
Octava reimpresión: 1994
Primera edición en «Área de conocimiento: Ciencia y técnica»: 2002
Primera reimpresión: 2010

Diseño de cubierta: Alianza Editorial
Fotografía Archivo Anaya

Reservados todos los derechos. El contenido de esta obra está protegido por la Ley, que establece penas de prisión y/o multas, además de las correspondientes indemnizaciones por daños y perjuicios, para quienes reprodujeren, plagiaren, distribuyeren o comunicaren públicamente, en todo o en parte, una obra literaria, artística o científica, o su transformación, interpretación o ejecución artística fijada en cualquier tipo de soporte o comunicada a través de cualquier medio, sin la preceptiva autorización.

© 1972 by Isaac Asimov
© 1970 by Doubleday & Company, Inc.
© 1966 by Isaac Asimov
© Alianza Editorial, S. A., Madrid, 1978, 1979, 1980, 1981, 1983, 1985, 1988, 1993, 1994, 2002, 2010
Calle Juan Ignacio Luca de Tena, 15;
28027 Madrid; teléfono 91 393 88 88
www.alianzaeditorial.es
ISBN: 978-84-206-7331-8
Depósito legal: M. 26.290-2010
Fotocomposición e impresión: EFCA, S. A.
Parque Industrial «Las Monjas»
28850 Torrejón de Ardoz (Madrid)
Printed in Spain

SI QUIERE RECIBIR INFORMACIÓN PERIÓDICA SOBRE LAS NOVEDADES DE ALIANZA EDITORIAL, ENVÍE UN CORREO ELECTRÓNICO A LA DIRECCIÓN:
alianzaeditorial@anaya.es

Dedicado a Rae, como obra propia de ella

El primer metal

Me preguntan a veces cómo elijo el tema de mis ensayos científicos. La respuesta es clara y terminante: no lo sé.

Mas alguna vez sí que vislumbro una fugitiva visión de los procesos mentales que intervienen, antes de que se disipen y borren para siempre.

Así, hace varias semanas encontré en una revista de química unos comentarios respecto al galio, que es un metal muy interesante por dos motivos: desempeñó un papel melodramático en el establecimiento de la tabla periódica y tiene un punto de fusión muy notable.

Eso me brindaba la posibilidad de un ensayo sobre el sistema periódico, o bien de uno sobre los puntos de fusión de los metales. Por unos momentos rumié vagamente lo que podría decirse sobre los puntos de fusión. Me pareció que si me ponía a estudiar el del galio tendría que estudiar primero el del mercurio.

Y si estudiaba el del mercurio, tendría que mencionar de ese metal algunas otras particularidades, sobre todo el hecho de que era uno de los siete conocidos por los antiguos.

Entonces, ¿qué tal si empezase por un ensayo sobre los metales de la antigüedad? Eso es lo que voy a hacer ahora, con el propósito de pasar luego al mercurio y después al galio.

Pues así es como elijo mis temas, al menos en este caso.

Los siete metales conocidos por los antiguos fueron, por orden alfabético: cobre, estaño, hierro, mercurio, oro, plata y plomo. El descubrimiento de cada uno se pierde en las brumas del pasado, pero es mi firme sospecha que el primero que se descubrió fue el oro. Él fue, pues, el metal primero.

¿Por qué no? El oro se presenta a veces en forma de pepitas brillantes. Su reluciente y hermoso color amarillo llamaría poderosamente la atención y en seguida sería utilizado como adorno.

Al trabajarlo, el oro destacaría casi inmediatamente como una materia notable, muy distinta de la piedra, la madera y el hueso, que el hombre llevaba labrando miles de siglos. No sólo presentaba un color brillante, sino que pesaba mucho más que cualquier piedra del mismo tamaño.

Además, supongamos que se le quería dar a la pepita una forma más simétrica. Para labrar una piedra, había que golpearla cuidadosamente con un cincel de piedra, que desprendía finas lascas pétreas del objeto labrado.

El oro no se comportaba de esa manera. El cincel sólo le hacía abolladuras. Al golpearlo con un mazo, aquel metal no se pulverizaba como las piedras; se aplastaba formando láminas muy finas. También se le podía estirar en delgados alambres, cosa imposible con las piedras.

Irían descubriéndose otros metales –otras materias que tenían brillo, pesaban mucho y eran maleables y dúctiles–; pero ninguno tan bueno como el oro. Ninguno tan bonito ni tan pesado. Es más, otros metales tendían a perder su brillo, más o menos pronto, al exponerlos mucho tiempo al aire; el oro jamás lo perdía.

Y tenía el oro otra propiedad que aumentaba su valor: era raro. También lo eran los demás metales, pero en menor medida. La corteza terrestre es primordialmente rocosa; son rarísimas las pepitas metálicas. Hasta la palabra «metal» parece proceder de la griega *métallon,* que significa 'buscar', doble tributo a su escasez y a su utilidad.

Los químicos modernos han evaluado la composición de la corteza terrestre en términos de sus elementos constitutivos, incluyendo los siete metales de la antigüedad. La tabla 1 da las cifras de los siete, en gramos de metal por tonelada de corteza, por orden decreciente de concentración.

Tabla 1

Metal	Concentración (g/ton)
Hierro	50.000
Cobre	80
Plomo	15
Estaño	3
Mercurio	0,5
Plata	0,1
Oro	0,005

Como veis, el oro es con mucho el más escaso de los siete metales. Una concentración de 0,005 g por tonelada equivale a una parte en 200 millones.

Sin embargo, es considerable la cantidad total de oro existente en toda la corteza. A ese porcentaje corresponde una masa de oro de 155.000 millones de toneladas.

También hay oro en el mar, en forma de fragmentos metálicos ultramicroscópicos, en una concentración de 5 millonésimas de gramo por tonelada, que hacen en total unos 9 millones de toneladas. El oro oceánico está tan diluido que por ahora no podría obtenerse sin grandes pérdidas. Por eso jamás se ha extraído oro del mar. En el suelo hay mayor concentración; pero extraerlo del suelo resulta más trabajoso. Si en él estuviese el oro uniformemente distribuido, tampoco serviría de nada.

Pero su distribución no es uniforme. Hay algunas raras regiones accesibles que contienen suficiente oro para extraerlo con grandes ganancias, aun por medios primitivos, y donde a veces se encuentra oro bastante puro, en pepitas de regular tamaño.

Pero así sólo se aprovecha una exigua proporción del oro existente. En los 6.000 años de historia civilizada, nada se ha buscado con más avidez que el oro. No obstante, se calcula que la cantidad total de oro extraída del suelo por la humanidad sólo supone 50.000 toneladas. Es más, entre todas las minas del mundo sólo rinden unas 1.000 toneladas al año (la mitad en Sudáfrica). Aun así parece estar a la vista el agotamiento de todas las minas de oro del mundo.

Es interesante apreciar qué cantidad tan pequeña de oro ha bastado para influir en tan enorme medida en la historia de la humanidad. Si todo el oro extraído hasta ahora de la tierra se fundiese en un cubo, éste tendría 290 pies (88 metros) de arista. Y si se utilizase para pavimentar un área del tamaño de la isla de Manhattan, la capa de oro tendría como 1 mm de espesor. (Para que aprendan los inmigrantes que antes decían que las calles de Nueva York estaban pavimentadas de oro. Tendría que ser de una sutileza etérea el tal pavimento.)

Cabe ahora preguntar por qué fue el oro el primer metal que se descubrió, siendo el más raro de los siete.

Eso se explica por la diferente actividad de los metales, su diferente tendencia a combinarse con otros elementos para formar compuestos no metálicos.

La actividad de los metales puede medirse en voltios de «potencial de oxidación», pues las corrientes eléctricas pueden hacer que los átomos metálicos se depositen como metal puro o que se disuelvan como iones. Al hidrógeno, que según criterios químicos tiene algunas propiedades metálicas, se le adjudica convencionalmente un potencial de oxidación de 0,0 voltios. Los elementos más activos que él tienen positivo el potencial de oxidación; los menos activos lo tienen negativo. He aquí, en la tabla 2, los potenciales de oxidación de los siete metales antiguos:

TABLA 2

Metal	Potencial de oxidación (voltios)
Hierro	+0,44
Estaño	+0,14
Plomo	+0,13
Cobre	−0,34
Mercurio	−0,79
Plata	−0,80
Oro	−1,50

Se ve que el oro es, con diferencia, el menos activo de los siete metales y por tanto el más idóneo, con mucho, para existir en forma metálica libre. Así pues, aunque el oro es mucho menos abundante que el hierro, las pepitas de oro abundan mucho más que las de hierro. Como que si no fuese por un factor que pronto explicaremos, no existirían en absoluto las de hierro. Por añadidura, el destello amarillo del oro llama mucho más la atención que el gris sucio del hierro. Sucede por eso que, mientras que en tumbas egipcias predinásticas, de 4.000 años a.C., se hallan objetos de plata y cobre (metales también de los menos activos), hay objetos de oro considerados de fecha varios siglos anterior.

En el Egipto primitivo la plata era más cara que el oro, simplemente porque era más rara en forma de pepitas.

Generalizando, hasta podríamos decir que los metales antiguos son los inertes. Pero entonces es obligado preguntar si había metales inertes *no conocidos* por los antiguos. La respuesta es afirmativa.

Tenemos que examinar seis metales del «grupo del platino»: el platino mismo, el paladio, el rodio, el rutenio, el osmio y el iridio. El platino, el osmio y el iridio hasta son algo más inertes que el oro; y los demás tan inactivos, al menos, como la plata. ¿Por qué, pues, no los conocieron los antiguos?

Dan tentaciones de echarle la culpa a la escasez de esos metales. Cuatro de ellos, rutenio, rodio, osmio e iridio, son mucho más raros aún que el oro, con concentraciones en la corteza de sólo 0,001 gramos por tonelada. Comparten con el renio la prerrogativa de ser los elementos menos abundantes en el mundo. (El renio tiene además la distinción exclusiva de ser el último elemento estable descubierto, pero eso es otra historia.)

Pero el platino es tan abundante como el oro, y el paladio abunda el doble. Si se encontraron pepitas de oro, ¿por qué no de platino ni paladio? Pues porque el oro amarillo llama mucho más la atención que el platino blanco. Además los mejores yacimientos de platino están todos situados lejos de los antiguos focos de civilización del Oriente Próximo.

Por último, yo sospecho que quizá hallasen alguna vez platino en pepitas y lo confundiesen con plata. El platino es mucho más maleable que la plata y se trabajaba con menos facilidad. Parece que estoy viendo al platero primitivo mirar contrariado esas pepitas y murmurar al tirarlas: «plata estropeada».

Hasta hoy el platino se distingue por su parecido con la plata. La diferencia no se reconoció claramente hasta 1748, en que el químico español don Antonio de Ulloa describió muestras de ese metal, halladas en sus viajes por Sudamérica. Lo llamó «platino», de la palabra española *plata*. El platino será, pues, siempre, al menos de nombre, «una especie de plata».

En vista de todo esto no es extraño que el hierro, el más abundante, con mucho, de los siete metales (500 veces más abundante que los otros seis juntos), se retrasase en aparecer respecto a los demás. Al cabo, era el más activo de los siete, el más apto para formar combinaciones y el más difícil de separar de ellas.

Que se conociese entonces fue acaso debido a una catástrofe cósmica ocurrida a millones de kilómetros de la tierra.

Al cabo, con arreglo a las leyes químicas, el hierro sólo debía presentarse en la tierra en forma de compuestos no metálicos; nunca como metal libre; pero no es esto lo que ocurre.

Hay tanto hierro en la tierra y está tan acumulado hacia el centro, que un tercio de la masa del planeta forma un núcleo líquido de hierro, y de su metal hermano el níquel, en la relación 10 a 1. Esto no afecta en sí a la corteza terrestre, pero debe de haber otros planetas con núcleos de hierro y níquel, y parece que uno de ellos hizo explosión (el situado entre Marte y Júpiter, cuya órbita marcan hoy los asteroides, productos de la explosión). Los fragmentos menores bombardean la tierra y algunos son trozos del núcleo de hierro y níquel. Si son lo bastante grandes, sobreviven al rozamiento con la atmósfera y hieren la corteza, donde se alojan como «pepitas de hierro» de origen celeste.

Trocitos de hierro-níquel, indudablemente de origen meteórico, han aparecido en tumbas egipcias que datan de 3.500 años a.C. Estaban allí en calidad de joyas.

Mientras los metales sólo fueron utilizables cuando aparecían en pepitas, no podían menos de ser sumamente raros; pero algo antes de 3.500 años a.C., ocurrió el verdadero descubrimiento de los metales. Encontrar una pepita podía hacerlo, al cabo, cualquier tonto. Pero comprender lo sucedido, cuando aparecían pepitas de cobre entre las cenizas de un fuego, encendido sobre una piedra azul, exigía inteligencia.

Era atrevido pensar que de las rocas podían obtenerse metales. Comenzó la ciencia metalúrgica y los hombres empezaron a buscar no sólo los metales, sino sus menas; rocas que al calentarse en piras de madera diesen el metal.

Así se obtenía principalmente el cobre, y ése fue el metal milagroso de la época. Contando sus menas, abundaba 1.600 veces más que el oro. Y aunque la mena lo contenía en compuestos pétreos, no era lo bastante activo para hallarse fuertemente ligado a esos compuestos. En términos químicos, bastaba un ligero codazo para dejar libre el cobre.

Ese metal puro sólo servía para hacer ornamentos y algunos utensilios. Para otros fines era demasiado blando. Pero entonces hubo de ocurrir otro descubrimiento casual. Las menas de estaño podían tratarse casi igual que las del cobre; y si algunas contenían a la vez cobre y estaño, el metal mixto resultante («aleación») era mucho más duro y rígido que el cobre puro. Esa aleación se llama bronce. Los pueblos antiguos aprendieron a mezclar a propósito menas de cobre y estaño; y con el bronce obtenido, fabricaban armas de guerra. Así se inició la «Edad del Bronce», que en el Oriente Próximo, sede de las más antiguas civilizaciones humanas, comenzó hacia 3.500 a.C. y duró algo más de 2.000 años.

Aquí el problema era el estaño. Abunda sólo 25 veces menos que el cobre, y las reservas de estaño del Oriente Próximo se agotaron cuando aún quedaba cobre en suficiente cantidad. En consecuencia, hubo que buscar estaño hasta en los últimos confines del mundo. Los navegantes fenicios, los mejores y más audaces del mundo antiguo, se alejaron, con ese fin, hasta las «islas del estaño».

En toda su historia mantuvieron secreta la situación de dichas islas, pero parece completamente seguro que salían al océano Atlántico y navegaban rumbo norte hasta Cornualles, en la punta sudoeste de Gran Bretaña.

Cornualles es una de las pocas regiones de la tierra rica en menas de estaño. En 25 siglos de continua explotación se han extraído de sus minas unos 3 millones de toneladas de estaño y no están agotadas aún. Sin embargo, su rendimiento actual es insignificante, comparado con el de las minas, relativamente intactas, de Malasia, Indonesia y Bolivia.

Pero ya cuando el bronce se lo llevaba todo por delante, sabían bien los antiguos que había otro metal más duro y rígido que él, y potencialmente mucho mejor para fabricar armas y herramientas: el hierro; esas pepitas metálicas que se encontraban algunas, aunque muy raras, veces.

Claro que había menas del hierro, lo mismo que las había del cobre y del estaño. Era, además, evidente que las menas del hierro abundaban muchísimo. Lo malo era que el hierro, mucho más activo que el cobre y el estaño, mantenía obstinadamente su puesto en las combinaciones. Las técnicas que bastaban para obtener cobre metálico no servían para el hierro; el que conseguían extraer de la mena estaba plagado de burbujas gaseosas. Era quebradizo y no servía para nada.

Se precisaban técnicas especiales, que exigían llamas sumamente calientes y carbones de alta calidad. Aun conseguidas las temperaturas que bastaban para fundir el hierro, expulsar las burbujas y prepararlo en forma pura, el producto final era decepcionante. El hierro extraído de la mena no era tan duro, ni mucho menos, como las pepitas meteóricas y no admitía filos tan agudos. Debíase la diferencia a que el hierro meteórico contenía níquel, metal desconocido en la antigüedad.

Pero después se desarrollaron métodos que daban hierro en el cual se introduce un poco de carbón del combustible. Se producía así una especie de acero y al fin ese metal era el que se necesitaba.

Fue unos 1.500 años a.C. cuando hacia las laderas meridionales del Cáucaso se encontró el secreto de producir buen hierro en cantidades útiles. Aquel país se llamaba reino de Urartu (el Ararat, donde posó el arca de Noé). Esa región estaba entonces dominada por los hititas, que centraban su poder al este del Asia Menor. El reino hitita trató de monopolizar el conocimiento de la nueva técnica, pero la explotación de la nueva arma fue lenta. Antes de que los hititas convirtiesen realmente el hierro en un instrumento de conquista mundial, fueron conquistados ellos por una combinación de guerra civil e invasiones extranjeras.

La caída de los hititas sobrevino poco después del 1200 a.C., y su secreta tecnología del hierro pasó a Asiria, país situado justamente al sur de Urartu. Los asirios fueron desarrollando el hierro en una medida sin precedentes y hacia el año 800 a.C. ya sacaban a campaña un ejército completamente «férreo». Almacenaban lingotes de hierro, como nosotros uranio, y con análogo propósito. Durante 200 años los asirios se lo llevaron todo por delante, fundando el mayor imperio conocido hasta entonces en el Oriente Próximo, hasta que sus víctimas aprendieron, a su vez, la tecnología del hierro.

Es interesante notar de paso que el hierro, con tanto abundar, no es el metal más abundante de la tierra. Hay otro más abundante, pero también más activo; por eso su desarrollo se retrasó aún más.

El metal más abundante en la corteza terrestre es el aluminio, cuya concentración vale 81.300 gramos por tonelada. Es 1,6 veces más abundante que el hierro, pero su potencial de oxidación vale + 1,66, mucho más alto que el del hierro mismo.

Eso significa que el aluminio tiene aún más tendencia que el hierro a formar compuestos y que es mucho más difícil arrancarlo de ellos. Por añadidura no han caído del cielo pepitas de aluminio para enseñarle al hombre que ese elemento existe.

Por eso el aluminio, como metal libre, quedó completamente ignorado de los antiguos. Hasta 1825 no fue arrancado de un compuesto el primer trozo de aluminio metálico, bastante impuro, por el químico danés Juan Christian Oersted; y hasta 1886 no se descubrió un buen método para producir el metal puro barato y en cantidad.

Generalmente los metales son más densos que las piedras. Expresando la densidad en onzas por pulgada cúbica*, tenemos:

Tabla 3

Metal	Densidad en onzas/pulgada^3
Estaño	4,2
Hierro	4,6
Cobre	5,2
Plata	6,1
Plomo	6,6
Mercurio	7,9
Oro	11,3

Como la roca típica tiene una densidad de unas 1,6 onzas por pulgada cúbica, hasta el menos denso de los siete metales es 2,5 veces más denso que la roca, y el oro unas 7 veces más denso.

Las densidades altas tienen sus aplicaciones. Si queremos encerrar mucho peso en poco volumen, usaremos metales mejor que piedras; y cuanto más denso sea el metal, mejor. Para eso el mejor sería el oro, pero nadie empleará oro como lastre corriente: es demasiado valioso. El mercurio, como líquido, sería demasiado difícil de manejar.

Eso deja como tercera opción el plomo; es relativamente barato para metal y pesa 4 veces más que la roca. Por eso el

---

* 1 onza/pulgada^3 = 1,73 gramos/cm^3.

plomo simboliza la pesadez. La frase «pesado como el plomo» figura en el idioma como un tópico que, a fuerza de repetirlo, es mucho más expresivo que las frases «pesado como el oro» o «pesado como el platino». (Debiéramos decir denso, en lugar de pesado, pero no importa.)

Hablamos también de «párpados de plomo» para significar el sueño invencible; o «andares de plomo» para designar andares que hace lentos y difíciles el cansancio o la tristeza.

Para hacer que una cuerda cuelgue vertical, cualquiera le pondría peso en un extremo, para que la fuerza de la gravedad la estire de arriba abajo. Un pedazo de plomo sería un medio sencillo de poner peso. Se obtiene así una «plomada». Su nombre inglés *plumb line,* como el castellano, viene del latín *plumbum* = 'plomo'; pues en inglés plomo se dice *lead*. La misma etimología tiene to *plumb the depths* = 'sondear'.

Como los antiguos creían que cuanto más pesado fuese un objeto, más rápidamente caería, para ellos un objeto de plomo caería con más rapidez que otro del mismo tamaño de materia menos densa. De ahí la frase «caer como el plomo», o «desplomarse».

Todas esas frases perduran, aunque además del oro y el mercurio hoy se conocen otros seis metales más densos que el plomo. De esos nuevos, tres, platino, osmio e indio, son más densos aún que el oro. El osmio tiene una densidad de 13,1 onzas por pulgada cúbica (22,6 g/cm^3); y los otros dos, no mucho menos.

Un último punto: Los metales suelen fundirse más fácilmente que la mayoría de las rocas. Éstas suelen hacerlo entre 1.800 y 2.000° C, temperaturas lo bastante altas para que puedan construirse de materiales rocosos hornos y chimeneas. La tabla 4 recoge los puntos de fusión de los siete metales antiguos.

El hierro tiene un punto de fusión muy elevado para ser metal. Ése fue uno de los motivos de que su metalurgia les diese tanta guerra a los antiguos. Cobre, plata y oro ocupan posición intermedia; pero fijaos en el plomo y el estaño.

Tabla 4

Metal	Punto de fusión (°C)
Hierro	1.535
Cobre	1.083
Oro	1.063
Plata	961
Plomo	327
Estaño	232
Mercurio	−39

Éstos son fáciles de fundir en cualquier llama corriente; y una mezcla de ambos funde a temperatura más baja que cualquiera de ellos –a unos 183° C–. Esta aleación de estaño y plomo sirve de «soldadura». Se derrite fácilmente, se vierte entre dos piezas metálicas en contacto y se deja solidificar.

El estaño que contiene poco plomo es el peltre. Los reyes y nababs comían en vajillas de plata y oro, con ser tan caras y difíciles de labrar, por puro consumo ostentoso. Los pobres usaban tosca arcilla y madera. El término medio era el peltre.

Era notablemente fácil obtener tubos de plomo o de estaño, y de ambos os contaré sendas anécdotas. El estaño «blanco» corriente sólo es estable a temperaturas más bien altas. Durante la estación fría manifiesta tendencia a convertirse en un «estaño gris», no metálico, desmenuzable. La transformación es lenta, a no ser a temperaturas muy inferiores a 0° C.

Una catedral de San Petersburgo (Rusia) instaló un órgano magnífico, con hermosos tubos de estaño. Vino un invierno muy riguroso y los tubos se desintegraron. Así fue como los químicos descubrieron lo del «estaño blanco y gris»; pero dudo que esa contribución al progreso científico consolase gran cosa al cabildo.

Para tubos de órgano, bien está el estaño; pero resulta demasiado caro para vulgares y plebeyas cañerías de agua. Se usa otro metal muy fusible, el plomo. En las partes del Imperio Romano en que había depósitos centrales de agua, por ejemplo, en la misma Roma, se empleaban cañerías de plomo. Por eso en inglés llaman *plumbers* a los fontaneros, aunque no sean de plomo las cañerías.

Ocurre (y esto no lo sabían los romanos) que los compuestos del plomo son fuerte y acumulativamente venenosos. En ciertas condiciones, ínfimos fragmentos de cañería se disuelven en el agua y la hacen peligrosa por largos períodos.

Por eso algunos han sugerido recientemente que el Imperio Romano cayó, en parte al menos, porque en Roma los hombres del gobierno y después las clases dirigentes padecían la intoxicación crónica producida por el plomo llamada «plumbismo».

Pero ni el estaño ni el plomo son los más fusibles de los siete metales antiguos. El récord pertenecía y sigue perteneciendo hoy al mercurio, lo que nos hace retroceder un paso en el encadenamiento de cavilaciones que describí al comienzo del capítulo.

El mercurio será objeto del capítulo siguiente.

El séptimo metal

A los químicos «torremarfileños» como yo nos es muy difícil demostrar competencia en las cuestiones químicas prácticas. Por esto yo siento desfallecer mi corazón cada vez que alguien me plantea un problema químico del bajo mundo. Siempre acaba costándome un fracaso.

Bueno, siempre no.

Una vez, cuando yo estaba preparando mi licenciatura en ciencias, se me acercó mi mujer alarmada. «No sé qué le ocurre –me dijo– a mi anillo de boda.»

Me estremecí. Yo estaba aún en mis primeros pasos como químico, pero ya había tenido ocasión de demostrar mi incompetencia repetidas veces. No me entusiasmaba la perspectiva de hacerlo una vez más.

«Pues, ¿qué tiene?», pregunté.

Me miró con severidad: «Se ha vuelto de plata».

Yo la contemplé con asombro: «Pero eso es imposible». Me alargó el anillo y ciertamente parecía de plata; sin embargo, era un anillo nupcial de oro, con su correspondiente contraste. Quedó callada y comprendí, consternado, que sospechaba que yo le había comprado un anillo de oro bajo; y no se me ocurría nada.

«No me lo explico –dije–. Fuera del mercurio no hay en el mundo nada...»

«El mercurio –dijo, alzando la voz–, ¿cómo sabes que ha sido el mercurio?»

Al parecer yo había pronunciado la palabra mágica. Caí en seguida en lo ocurrido. Hinchando mi pecho y tomando un aire de altiva meditación, dije: «A los ojos del químico es de inmediata evidencia que eso es amalgama de oro y que tú has estado manejando mercurio sin quitarte el anillo de boda».

Y así era, desde luego. En el laboratorio yo había tenido mercurio a mi alcance; y me gustó tanto que me llevé a casa un frasquito para entretenerme algunas veces. (Da gusto verlo correr, sin mojar nada.) Encontró mi mujer el frasquito y no pudo resistirse a verter una gota en la palma de la mano para jugar también con él. Pero no se quitó el anillo y el mercurio ataca rápidamente al oro, formando una amalgama de oro plateada.

Pues a pesar de esta tristemente dramática muestra de los encantos del mercurio, he explicado en el capítulo anterior los siete metales conocidos en la antigüedad, sin decir casi palabra del más extraño de todos, el mercurio. Pero no fue descuido; fue por reservarle un capítulo especial.

El mercurio está lleno de características excepcionales. Estoy seguro, por ejemplo, de que fue el menos conocido de los siete y el séptimo que descubrieron los antiguos.

En cuanto a ser el menos conocido, veamos lo que dice de él la Biblia, aunque sólo sea porque es un libro largo y complejo, escrito por hombres que tenían por la ciencia poco o ningún interés. Puede, pues, ser considerado como la auténtica voz de los no científicos.

El oro es, claro, prototipo de excelencia y perfección para todos, incluso para los escritores bíblicos. Decir que algo es «más que el oro» es tributarle el más alto elogio posible en el mundo. Así:

Por eso amo yo tus mandamientos más que el oro fino (Salmo 119-127).

Y ¿qué dicen, como no científicos, los escritores bíblicos de los demás metales? Para abreviar, he buscado un texto que citase a la mayoría de los metales posibles y he aquí uno de Ezequiel, que enumera las amenazas de Dios a los judíos pecadores:

Como se pone junto plata, bronce, hierro, plomo y estaño, y se atiza el fuego por debajo para fundirlo todo, así os juntaré yo en mi cólera y mi furor; os pondré y os fundiré (Ezequiel 22, 20).

Los pecadores son comparados a los distintos metales, excluyendo manifiestamente el oro, para mostrar que son imperfectos.

Advirtamos de paso que la palabra hebrea *nehosheth,* aquí traducida por 'bronce', designaba indistintamente el «cobre» o el «bronce», aleación de cobre y estaño. Algunas versiones inglesas traducen 'latón', aleación de cobre y cinc, pero no es eso lo que quiere decir la Biblia. Si sustituimos bronce por cobre en el texto de Ezequiel veremos que con sólo dos textos bíblicos hemos hallado mención de seis de los antiguos metales: oro, plata, cobre, hierro, estaño y plomo. Falta sólo el mercurio. ¿Qué dice del mercurio la Biblia?

Pues absolutamente nada.

¡Ni una palabra! ¡Ni el Antiguo Testamento, ni el Nuevo, ni en los apócrifos! Parece claro que, de los siete metales, era el mercurio el más exótico; el menos usado en las aplicaciones diarias; el que más propiamente llamaríamos hoy una «curiosidad de laboratorios». Los no científicos que escribieron la Biblia lo conocían tan poco que nunca encontraron motivo para mencionarlo, ni en lenguaje figurado.

En cuanto a por qué fue el último que se descubrió, no encuentren en ello misterio ninguno. Es relativamente escaso, pues de los siete, sólo el oro y la plata escasean más. Además es imposible topar con lingotes de mercurio, pues a las temperaturas ordinarias es líquido.

Lo que ocasionó su descubrimiento fue el brillante color de su única mena importante. Esa mena es el «cinabrio», sulfuro de mercurio en términos químicos: una combinación de mercurio y azufre. Tiene color rojo brillante y puede usarse como pigmento, llamándose entonces bermellón, nombre que también se aplica a su colorido.

Tenía que haber considerable demanda de cinabrio y sin duda en algunas ocasiones se calentaría casualmente, hasta el punto de descomponerse, dejando libres gotas de mercurio metálico. En las tumbas egipcias hay pruebas de que allí se conocía ya el mercurio 1.500 años, al menos, antes de nuestra era. Parece esto bien antiguo; pero comparadlo con el cobre, la plata y el oro, que se remontan al año 4.000 a.C.

Aun después de aislado el mercurio, parece que hubo dificultad para reconocerlo como un metal nuevo y distinto. El hecho de ser líquido lo presentaría como demasiado diferente de los demás metales, para equipararlo con ellos; pues, ¿no sería sencillamente uno de los otros fundido?

Tenía cierto aspecto innegable de plata. ¿No sería, pues, plata líquida? La plata verdadera, la sólida corriente, podía fundirse si se calentaba al rojo vivo; pero el mercurio parecía una plata líquida a las temperaturas corrientes. Acaso para los antiguos trabajadores esa diferencia no significaba tanto como para nosotros. Si podía haber plata líquida caliente, ¿por qué no también fría?

En todo caso, cualquiera que fuese el proceso mental de los primeros descubridores del mercurio, lo cierto es que fue el único de los siete metales que no recibió nombre propio. Aristóteles lo llamó en griego «plata líquida», y en tiempos de Roma, el físico griego Dioscórides lo llamó plata acuática, que viene a ser igual. Este último nombre era *hydrárgyros* en griego y se convirtió en *hydrargyrus* en latín. Y en honor a ese nombre latino, el símbolo químico del mercurio sigue, hasta hoy, siendo Hg.

El escritor romano Plinio lo llamó *argentum vivum*, o sea, 'plata viva'. El motivo es que la plata corriente es sólida, es decir, inmóvil (o bien muerta), mientras que el mercurio vibra y corre al menor impulso. Una gota al caer estalla en gotitas que saltan en todas direcciones. Está viva.

El nombre inglés *quicksilver* traduce literalmente el *argentum vivum* de Plinio, pues en inglés antiguo *quick* significaba 'vivo'. (En el moderno significa 'rápido', cosa natural, pues la rapidez de movimientos es una de las más notables características de la vida*.)

¿Pero de dónde vino llamarlo mercurio?

Los alquimistas medievales enfocaban su trabajo en forma netamente mística. Como la mayoría de ellos (no todos) eran incompetentes, la mejor manera de disimular sus deficiencias era envolviéndose en vacuos misterios. Lo que el público no podía entender tampoco podía desmentirlo.

Los alquimistas preferían, pues, el lenguaje metafórico. Había siete distintos metales y también siete diferentes planetas; y eso seguramente no podía ser coincidencia, ¿verdad? ¿Por qué no hablar, pues, sensacionalmente de los planetas para referirse a los metales?

Los cuatro planetas más brillantes por orden de resplandor eran el Sol, la Luna, Venus y Júpiter. ¿Por qué no aparearlos, respectivamente, con el oro, la plata, el cobre y el estaño, que son los cuatro metales más preciosos, por orden de valor?

---

* También en castellano antiguo. Por ejemplo, Alfonso X llama «argén vivo» al mercurio, en su famoso elogio de España. *(N. del T.)*

En cuanto a los demás, Marte, el planeta rojo del dios de la guerra, es naturalmente el hierro, el metal con que se fabrican las armas de guerra. (El color rojo de Marte podría ser debido verdaderamente a óxidos de hierro de su suelo. Coincidencias así son las que hacen que los actuales místicos sospechen «si habrá *algo* en la alquimia». Para refutarlo basta decir que toda sucesión casual de sílabas tiene que formar de vez en cuando palabras; y si las escogemos cuidadosamente y dejamos lo demás, nos será fácil convencernos de que lo sin sentido tiene sentido.)

El tardo Saturno, el más lento de aquellos planetas, se asimilaba naturalmente al plomo, que es el modelo proverbial de torpeza y pesadez. Por el contrario, Mercurio, que oscila rápidamente de un lado a otro del Sol, se equipara a las inquietas gotas del azogue. (Así el séptimo metal se corresponde con el séptimo planeta. Pura coincidencia.)

Algunas de estas comparaciones perduran aún en los nombres anticuados de ciertos compuestos. El nitrato de plata, por ejemplo, figura en los viejos libros como «cáustico lunar», por la supuesta relación de la plata con la Luna. Los compuestos coloreados de hierro, usados como pigmentos, reciben a veces nombres como «amarillo de Marte» o «rojo de Marte». Las intoxicaciones por plomo se llamaron un tiempo «envenenamiento saturnino».

El único planeta que entró en el reino de la química de un modo respetable fue Mercurio. Se convirtió en el nombre del metal, desplazando al antiguo. Acaso eso ocurrió porque los químicos reconocieron que «plata viva» no era un nombre independiente y que el mercurio no era sencillamente plata que estaba líquida o viva.

Es bastante singular que también modernamente los planetas dieran nombre a metales, y por supuesto que esos nombres subsistan. En 1781 se descubrió el planeta Urano, y en 1789, cuando el químico alemán Martín Enrique Klaproth descubrió un nuevo metal, le dio el nombre de «uranio», por el nuevo planeta. Después, en los años 1940, cuando se descubrieron dos metales transuránidos, tomaron nombre de dos planetas, Neptuno y Plutón, que se habían descubierto más allá de Urano, y se llamaron «neptunio» y «plutonio».

Hasta de asteroides se echó mano. Los dos primeros, Ceres y Palas, se descubrieron en 1801 y 1802. En 1803 Klaproth descubrió otro nuevo metal y en seguida lo llamó «cerio». El mismo año el químico inglés Guillermo Hyde Wollaston descubrió un nuevo metal y lo llamó «paladio».

En la Edad Media el mercurio alcanzó distinciones inusitadas. En toda la época medieval la principal fuente de mercurio fue España, y los reyes árabes del país hicieron de él un uso espectacular. El más grande de ellos, Abderramán III, edificó hacia el 950, cerca de Córdoba, un palacio, en cuyo patio fluía continuamente un surtidor de mercurio. De otro rey se dijo que había dormido en un colchón que flotaba en un charco de mercurio.

Otra distinción medieval de naturaleza más abstracta alcanzó el mercurio. Parece que uno de los empeños de la mayoría de los químicos medievales era la conversión de un metal barato como el plomo en otro precioso como el oro.

Que eso podría hacerse parecía probable, según la antigua noción griega de que toda la materia se componía de combinaciones de cuatro sustancias fundamentales o «elementos», a saber: «tierra», «agua», «aire» y «fuego». Éstos no eran idénticos a las sustancias corrientes que designamos con esos nombres, sino abstracciones que traduciríamos mejor como «sólido», «líquido», «gas» y «energía». Verdaderamente no era mala conjetura para aquellos tiempos.

Pero los alquimistas medievales rebasaron las nociones griegas. Los metales les parecían tan distintos de las sustancias corrientes «térreas», como las rocas, que debían contener un principio especial metálico. Ese elemento metálico, más «la tierra», formaban el metal. Si pudiese localizarse el principio metálico, podría añadírsele «tierra» de distintos modos para formar cualquier metal, incluso oro.

Naturalmente, al añadirle «tierra» al principio metálico, se le añadía solidez y se producía un metal sólido. Mas entonces, ¿y el mercurio? Era líquido, sin duda porque tenía muy poca «tierra». Acaso esa poca se le pudiese quitar de algún modo, dejando el principio metálico puro.

Muchos alquimistas empezaron a trabajar sin descanso con mercurio; y como sus vapores son acumulativamente venenosos, no quiero pensar cuántos morirían prematuramente. Esos vapores afectaban también a la cabeza, pero sería difícil saber cuándo un alquimista desvariaba de verdad. Y a propósito, ¿qué sería del rey moro que dormía sobre un charco de mercurio? ¿Cómo iría sintiéndose al correr los meses?

Algunos alquimistas argüirían, además, que el oro era único entre los metales por su color amarillo; por tanto, lo que habría que añadirle al mercurio, plateado por su parte, era una «tierra» amarilla. Como tierra amarilla es obvio elegir el azufre, extraño entre las tierras porque puede arder, dando una misteriosa llama azul y un olor sofocante aún más misterioso. Parecía fácil caer en la idea de que el mercurio y el azufre representaban, respectivamente, los principios metálicos y de inflamabilidad. La combinación de ambos pondría, pues, fuego y solidez en el mercurio, transformándolo de un líquido plateado en un sólido amarillo.

Y, en efecto, el mercurio y el azufre se combinaban; pero para formar cinabrio, una «tierra» roja, del todo corriente. De oro, ni hablar. Pero la prosa de los hechos rara vez conseguía turbar las gloriosas visiones alquimistas.

Esas teorías medievales fueron desapareciendo lentamente, en el curso del siglo XVIII, cuando la verdadera química estaba en su robusta infancia. En ese siglo, el papel del mercurio como principio metálico recibió un cruel golpe en la cabeza. Como tal principio, tendría que ser líquido siempre; pero ¿lo era?

El año 1759 fue muy frío en San Petersburgo (Rusia), y en Navidad hubo una helada y el mercurio bajó mucho en los termómetros. El químico ruso Mikhail Vassilievich Lomonosov intentó obligar a la temperatura a bajar más aún, introduciendo el termómetro en una mezcla de ácido nítrico con nieve. La columa mercurial bajó hasta −39° C y no quiso bajar más. ¡Se había helado! El mundo vio por primera vez mercurio sólido: un metal como los demás.

Mas por entonces el mercurio adquirió un nuevo valor, que compensaba con creces su descrédito como principio metálico. En cierto modo ese nuevo valor lo debía a su densidad, que es 13,6 veces mayor que la del agua. Una pinta de agua (medio litro, más o menos) viene a pesar una libra (medio kilo, aproximadamente); una de mercurio pesaría unas 13 libras y media (6,800 kg, aproximadamente).

He aquí una densidad sorprendente. En el mercurio no sólo flota el acero, sino *el mismo plomo*. Eso no lo esperamos en verdad de un líquido; estamos demasiado acostumbrados al agua. Así, cuando un químico principiante se encuentra por primera vez frente a una vasija grande, llena de mercurio, puede llevarse un chasco monumental. Se le dice ingenuamente que la coja y la ponga en cualquier sitio. La abarcará con la mano y, automáticamente, le aplicará el mismo impulso que si contuviese agua. Y, claro, el mercurio se comporta como si estuviese clavado a la mesa.

En 1643, el físico italiano Evangelista Torricelli sacó partido de la densidad del mercurio. Le intrigaba el problema de que las bombas sólo podían elevar una columna de agua a 34 pies sobre su nivel natural. Supuso que el verdadero trabajo de elevar esa columna lo efectuaba la presión de la atmósfera. Una columna de 34 pies de altura ejercía en su base una presión igual a la presión entera del aire; por eso el agua ya no podía subir más.

Para comprobarlo más cómodamente (¡cualquiera maneja una columna de 34 pies!), Torricelli empleó mercurio, el más denso líquido conocido. Una columna de mercurio (13,6 veces más denso que el agua) ejercerá sobre su base tanta presión como una columna de agua 13,6 veces más alta. Si 34 pies de agua equilibran la presión total del aire, también la equilibrarán 2,5 pies (o sea, 30 pulgadas) de mercurio.

Torricelli llenó, pues, de mercurio un tubo de una yarda de alto y lo invirtió en una cubeta de mercurio. El líquido empezó a salirse, pero no del todo. Cuando la altura de la columna se había reducido a 30 pulgadas dejó de disminuir, quedando equilibrada por el aire. Torricelli había demostrado su idea y había inventado el barómetro.

El mercurio emprendió una nueva carrera, como sustancia única: un líquido muy denso, conductor de la electricidad, utilizable en numerosos instrumentos científicos.

A propósito: si el aire fuese tan denso en las alturas como junto a tierra, sería fácil calcular la altura que alcanzaría la atmósfera. El mercurio es 10.560 veces más denso que el aire abajo; por tanto, una columna de mercurio equilibrará una de aire 10.560 veces más alta. Eso significa que 30 pulgadas de mercurio equilibrarán cinco millas de aire.

Pero el aire no tiene densidad uniforme a todas las alturas. Va enrareciéndose cada vez más, hacia arriba; y por eso se extiende hasta grandes alturas.

Entre los metales conocidos de los antiguos, el mercurio tiene el punto de fusión más bajo. Es el único que se conserva líquido a las temperaturas corrientes.

Desde antiguo los químicos han descubierto docenas de nuevos metales, pero ninguno puede arrancarle al mercurio el récord de puntos bajos de fusión. Era campeón y sigue siéndolo. Pero numerosos metales descubiertos en tiempos modernos tienen la temperatura de fusión del plomo o más baja aún. Véase la tabla 5.

He aquí los catorce metales más fusibles. De los ocho más fusibles, cinco son los «alcalinos», a saber, en orden creciente de pesos atómicos: litio, sodio, potasio, rubidio y cesio. Nótese que los respectivos puntos de fusión, 186, 97, 62, 38 y 28, van descendiendo al aumentar el peso atómico.

El punto de fusión del cesio sólo es superior al del mercurio, al menos para metales estables. La temperatura de 28° C equivale a 82,4° F. Eso significa que el cesio, que abunda el doble que el mercurio, podría estar líquido a la hora de calor de un día de verano. ¿Podríamos, pues, jugar con él, si hace bastante calor, como jugamos con mercurio?

Tabla 5

Metal	Punto de fusión (°C)
Mercurio	−39
Cesio	28
Galio	30
Rubidio	38
Potasio	62
Sodio	97
Indio	156
Litio	186
Estaño	232
Bismuto	271
Talio	302
Cadmio	321
Terbio	327
Plomo	327

¡De ningún modo! Todos los metales alcalinos son activos en extremo y reaccionan violentamente, con el agua entre otros cuerpos. Poned metales alcalinos en contacto con la humedad del sudor de vuestras manos, y tendréis mucho que sentir. Como la actividad de esos metales crece con el peso atómico, el cesio es el peor de nuestra lista. ¡Nada de jugar con cesio!

Hay un sexto metal alcalino, el francio, de peso atómico aún mayor que el del cesio. Es radiactivo, sólo se han aislado cantidades ínfimas de él y no se conocen sus propiedades químicas. Sin embargo, no es aventurado predecir que su punto de fusión andará por los 23° C (73° F), de modo que en Nueva York estaría líquido la mayor parte del verano. Mas por su actividad química, su radiactividad y el hecho de que sólo pueden reunirse a la vez unos pocos átomos, olvidemos este metal.

Los metales se combinan formando amalgamas, y esos metales mixtos suelen tener puntos de fusión más bajos que cualquiera de los metales componentes puros.

Supongamos, por ejemplo, que fundimos juntas cuatro partes de bismuto, dos de plomo, una de estaño y una de cadmio, y dejamos solidificar la mezcla. Resultará el «metal de Wood». Aunque ningún metal de la aleación se funde a menos de 232° C, se funde a 71° C. Se llama una «aleación fusible» porque funde por debajo del punto de ebullición del agua. La aleación de Lipowitz, en la cual se eleva ligeramente la proporción de plomo y estaño, funde ya a los 60° C.

Las «aleaciones fusibles» se aplican principalmente como tapones de seguridad en las calderas o en los irrigadores automáticos. Se ajusta la receta para obtener un punto de fusión ligeramente superior al de ebullición del agua. Una temperatura demasiado alta los funde y permite que escape vapor de la caldera, aliviando presiones peligrosas; o deja pasar agua por el irrigador automático.

Estas aleaciones se prestan también a gastar bromas. Se le pasa a uno una cucharilla de metal de Wood, dándole animada conversación mientras agita inocentemente su café calentísimo. Los bromistas encuentran muy regocijante la expresión de la víctima, cuando nota que, de la cucharilla, sólo le queda en la mano parte del mango.

Pueden también obtenerse aleaciones de metales alcalinos, que fundan a temperaturas más bajas que cualquier metal alcalino puro, y que en ciertos casos fundirán a temperaturas más bajas aún que el mercurio.

Pero limitémonos a metales sólidos que puedan manejarse impunemente, y no como los alcalinos y sus aleaciones, que son intangibles, o el mercurio sólido, que está demasiado frío para ser agradable. Preguntémonos qué metales, entre los que pueden tocarse, son los más fusibles.

Tenemos las aleaciones fusibles, de que acabamos de hablar; pero más fusible que todas ellas es el galio, metal puro de contacto inofensivo y que funde a sólo 30° C.

Y ahora que al fin dimos con él, os contaré su historia en el capítulo siguiente.

El metal predicho

Recibo a menudo cartas de lectores que intentan escrutar los misterios de la naturaleza, encajando hechos, reales o supuestos, en cualquier tipo de esquemas. Muy frecuentemente esos lectores no son profesionales ni expertos en el tema que pretenden investigar.

Mi primer impulso es entonces dar de lado esos intentos, pero nunca acabo de atreverme. Siempre medito la respuesta y, aun después de convencerme de que están totalmente equivocados, procuro contestarles con toda cortesía. Al cabo, ¿quién puede estar seguro? Y yo siento especial horror a pasar a la historia de la ciencia como «el que se rió del gran Fulano».

Ahí está, por ejemplo, «el que se rió de Juan Alejandro Reina Newlands». ¡Cuánto me gustaría señalarle con el dedo de la sátira, si no fuese porque ignoro su nombre!

Nació Newlands en 1837, de padre inglés y madre italiana; y recordó su ascendencia materna lo bastante para luchar en 1860 junto a Garibaldi por la unificación de Italia. Le interesaban a la vez la química y la música, y terminó como químico industrial, especialista en refinar azúcar. En sus ratos libres dedicaba su atención a los elementos químicos.

Daban que cavilar los elementos en aquellos días. En 1864 eran conocidos unos sesenta distintos, de todas clases, tipos y variedades. Pero en su lista no se notaba lógica ni orden. No parecía haber modo de predecir cuántos elementos existirían en total, y nadie podía asegurar entonces que no hubiese infinitos. Los químicos estaban cada vez más preocupados por eso. Si había enorme número de elementos de todas clases, el Universo resultaría de una inabarcable complejidad.

Pero entre los científicos es casi artículo de fe que el Universo es ordenado y básicamente sencillo. Tenía que haber, por tanto, alguna manera de encontrar orden y sencillez en la lista de los elementos. Pero ¿cómo?

Newlands se entretenía barajando los elementos de distintas maneras. En las décadas anteriores los químicos habían ido determinando cuidadosamente los pesos atómicos de los elementos, es decir, las masas relativas de los distintos átomos, y esas cifras parecían ya fijadas con razonable precisión. ¿Por qué, pues, no ordenar los elementos por sus pesos atómicos?

Newlands lo hizo; después los dispuso en una tabla de siete elementos de anchura. En la fila superior puso los siete de menor peso atómico; en la segunda, los siguientes, etc. Le pareció a Newlands que, al hacerlo, ciertos grupos de elementos de propiedades muy parecidas quedaban formando columnas, y que eso era significativo.

¿Sería que las propiedades de los elementos se repiten en períodos de siete? Sus aficiones musicales le llevaron irresistiblemente a recordar que las notas de la escala se ordenan en grupos de siete. La número ocho –la octava– es casi un duplicado de la primera. En otros términos, las notas se repiten en octavas. ¿No ocurriría lo mismo con los elementos?

Consignó, pues, Newlands sus resultados en un artículo, que presentó a publicación a la Sociedad Química Inglesa. Llamaba a su descubrimiento «la ley de las octavas».

La Sociedad lo rechazó con desdén, como habría hecho de seguro si yo le hubiese propuesto publicar uno de mis ensayos sobre especulaciones científicas. Mas algo de razón había para rechazarlo, pues hay que reconocer que la tabla de Newlands era harto imperfecta. Aunque algunos elementos muy parecidos quedaban en columna, también lo hacían otros sumamente distintos.

Pero yo estoy seguro de que a la Sociedad lo que realmente le molestó fue la simple idea de jugar con los elementos. Ya lo de ponerlos por orden de pesos atómicos pareció una artimaña trivial; y un sabihondo (el químico a quien aludía yo al comienzo de este artículo) preguntó a Newlands por qué no ensayaba poner los elementos en orden alfabético, a ver qué clase de tabla conseguía amañar así. Es de esperar que ese gracioso viviría lo suficiente para tener que tragarse sus palabras; le bastaba con vivir once años.

Realmente, dos años antes, ignorándolo Newlands por completo, un geólogo francés, con el imponente nombre de Alejandro Emilio Beguyer de Chancourtois, ensayó también ordenar los elementos por pesos atómicos. En vez de formar una tabla, imaginó la lista de los elementos arrollada helicoidalmente a un cilindro. De ese modo vino a deducir casi los mismos resultados que Newlands con su tabla, pero no con tanta sencillez, ni mucho menos.

Beguyer escribió un trabajo sobre el asunto, incluyendo un detallado diagrama para mostrar cómo quedaban los elementos en su cilindro. Ese trabajo se publicó en 1862, pero el diagrama se omitía, por complicado, lo cual hacía imposible seguir el artículo; tanto más cuanto que Beguyer de Chancourtois era un escritos mediocre, que hacía uso libre de términos geológicos, nada familiares para los químicos. Su artículo quedó completamente ignorado.

A riesgo de hacerse objeto de burlas, algunos químicos siguieron intentando establecer orden en la lista de los elementos. Cerca del 1870 lo intentaron independientemente dos; a saber, el alemán Julio Lotario Meyer y el ruso Dimitri Ivanovich Mendeléev.

Habían transcurrido cinco años desde Newlands y ahora se afinaba más. Tanto el alemán como el ruso ordenaron los elementos por pesos atómicos, pero ambos se guiaban también por otras propiedades atómicas. Sin entrar en más detalles, diré que Meyer hacía uso del volumen atómico y Mendeléev de la valencia.

Los dos notaron que cuando los elementos se disponían por orden de pesos atómicos, las demás propiedades, tales como el volumen atómico y la valencia, subían y bajaban ordenadamente. Reconocieron también que el período de subida y bajada no comprendía siempre el mismo número de elementos; al comienzo de la lista el período era de siete elementos, pero después se hacía más largo. Uno de los errores de Newlands fue empeñarse en mantener invariable la longitud del período, pues ello contribuyó a hacer inevitable que cayesen en la misma columna elementos dispares.

Tanto Meyer como Mendeléev consiguieron publicar su trabajo. Mendeléev logró hacerlo imprimir antes y lo publicó en 1869, mientras que Meyer lo publicó en 1870. Era de esperar que, aun así, saliese perdiendo Mendeléev, pues, en general, los químicos europeos no entendían el ruso, y los descubrimientos rusos solían quedar ignorados; pero Mendeléev fue lo bastante previsor para publicar en alemán.

Así y todo, los dos podían haberse repartido el crédito, si no hubiesen seguido orientaciones tan distintas. Meyer era tímido. Nada deseoso de comprometer su carrera científica adelantándose demasiado a las líneas frontales, presentó sus conclusiones en forma de gráfico, que relacionaba el volumen atómico al peso atómico. No aventuró interpretaciones; dejó hablar por sí mismo al gráfico, que habló en voz muy baja.

En cambio Mendeléev construyó una verdadera «tabla periódica de los elementos», como había hecho Newlands, en la cual las diversas propiedades variaban de modo periódico. A diferencia de Newlands, Mendeléev se negó a consentir que ninguna columna contuviese elementos dispares. Si un elemento parecía ir a caer en una columna que no le cuadraba, lo corría a la siguiente, dejando un hueco.

¿Cómo explicar esos vacíos? Mendeléev indicó audazmente que era bien obvio que no todos los elementos estaban descubiertos aún, y que cada vacío correspondía a un elemento por descubrir. Newlands no había contado con elementos aún desconocidos. En cuanto a Meyer, su gráfico estaba arreglado de manera que no había huecos; y él mismo confesó más tarde que nunca hubiese tenido el valor de razonar como Mendeléev.

Éste llegó a afirmar que hasta podía predecir las propiedades de los elementos desconocidos, fijándose en las propiedades de los demás elementos de la columna en que estaba el hueco. Escogió en particular los huecos que quedaban bajo los elementos aluminio, boro y silicio, en sus tablas primitivas. Esos huecos, dijo, indican elementos por descubrir; los llamó provisionalmente «eka-aluminio», «eka-boro» y «eka-silicio».

(*Eka* en sánscrito significa 'uno', así que el nombre quiere decir «el primer elemento bajo el aluminio, etc.». Como en sánscrito *dvi* es 'dos', los dos huecos bajo el manganeso corresponderían al eka-manganeso y al dvi-manganeso. Éstos son los únicos casos que conozco en que se ha usado el sánscrito en la terminología científica.)

Consideramos, por ejemplo, el eka-aluminio. Juzgando por el resto de la columna y por su situación general en la lista, Mendeléev dedujo que su peso atómico sería unos 68; que tendría una densidad moderada, unas 5,9 veces mayor que el agua; que su punto de ebullición sería alto, pero el de fusión bajo, y que poseería una porción de propiedades químicas, cuidadosamente especificadas.

Ante esto, la reacción del mundo químico registró desde la risa de indulgente burla al bufido de desprecio. Bastante mal estaba jugar con los elementos, edificando con ellos complicadas estructuras; pero describir elementos que nadie había visto, basándose en esas estructuras, parecía misticismo y nada más, cuando no charlatanería. Eso que sospecho que acaso Mendeléev se librase de peores críticas, por ser ruso. Los occidentales debieron de sentirse indulgentes hacia los delitos de un místico ruso y le toleraron lo que entre ellos no se hubiese considerado tolerable.

Pero enfoquemos de nuevo nuestra cámara a Francia; a otro francés de formidable nombre: Pablo Emilio Lecoq de Boisbaudran. Era un joven autodidacta, de buena posición, entusiasta del análisis químico, y sobre todo de la reciente técnica del análisis espectral, con la que podía hacerse que los minerales calentados produjesen espectros de líneas luminosas, de diferentes colores.

Cada elemento producía sus líneas espectrales propias, exclusivas de él. Se había introducido esa técnica en 1859 y sus promotores habían encontrado, casi inmediatamente, minerales que daban líneas espectrales no producidas por ningún elemento conocido. Las técnicas químicas ortodoxas, aplicadas a esos minerales, revelaron la existencia de dos elementos nuevos: el cesio y el rubidio.

Lecoq de Boisbaudran ardía en deseos de descubrir también elementos. Aplicando, de los primeros, la nueva técnica, pasó quince años sometiendo al análisis espectral cuantos minerales caían en sus manos. Estudiando cuidadosamente las líneas obtenidas, iba orientándose con sagacidad hacia los minerales más idóneos para proporcionarle los nuevos elementos que buscaba.

Al fin dio con un mineral que había sido llamado por los mineralógistas primitivos *galena inanis* o 'mena de plomo inútil'. Resultaba inservible, porque era una mezcla de sulfuro de zinc y de hierro, y los procedimientos ideados para extraerle el plomo que no contenía fracasaban, naturalmente. Ahora se llama esfalerita, de una palabra griega que significa 'traidor', por haber engañado tantas veces a los mineros primitivos.

Para Lecoq de Boisbaudran nada tuvo esa mena de inútil ni traidora. En febrero de 1874, sometió el mineral al análisis espectroscópico y descubrió dos líneas espectrales que nunca había visto.

Corrió a París, donde repitió sus experimentos ante varios químicos eminentes, y estableció su prioridad. Empezó luego a trabajar con cantidades mayores de mineral y en noviembre de 1875 había obtenido ya un gramo de un cuerpo nuevo; suficiente para presentar parte a la Academia de Ciencias de París y sacar muestras del resto, para analizarlas.

El nuevo metal resultó tener un peso atómico un poco inferior a 70; una densidad 5,94 veces mayor que el agua; un punto de fusión bajo: de 30° C; un punto de ebullición alto: de unos 2.000° C; y presentaba una serie de reacciones químicas características.

En cuanto se anunció esto, Mendeléev, desde la remota Rusia, proclamó muy excitado que lo descrito por Lecoq de Boisbaudran era precisamente el eka-aluminio, que él había deducido de su tabla periódica, cinco años antes.

El mundo químico quedó estupefacto. Las propiedades del eka-aluminio, predichas por Mendeléev, corrían impresas; las descritas por Lecoq de Boisbaudran, de su nuevo elemento, corrían impresas también. Ambas coincidían casi exactamente en todos los detalles[1].

---

1. Lecoq de Boisbaudran obtuvo primero una cifra de 4,7 para la densidad, pero Mendeléev insistió en que no podía ser. Y tenía razón. Las muestras con que trabajó inicialmente el francés eran demasiado inseguras. Tras la debida purificación, la cifra coincidió con las predicciones. Esta discrepancia, en la que la predicción prevaleció sobre lo observado, confirió mayor tensión aún a la situación.

No era posible negarlo: tenía que estar en lo cierto Mendeléev. La tabla periódica tenía que ser una descripción útil del orden y sencillez ocultos tras los elementos.

Por si alguna duda quedaba, los otros dos elementos predichos por Mendeléev fueron descubiertos también a los pocos años, y sus predicciones coincidieron también con la realidad. Así como antes todo el ridículo cayó sobre Mendeléev y no sobre Meyer, ahora en cambio Mendeléev acaparó toda la fama. En 1906, pocos meses antes de morir, estuvo a punto de lograr el premio Nobel; se lo quitó por sólo un voto Moissan, el descubridor del flúor.

Tanto Newlands como Beguyer de Chancourtois se vieron al fin vindicados. Después de fallecido en 1886 Beguyer de Chancourtois, una revista francesa publicó en desagravio su diagrama del cilindro; aquel que no había sido publicado treinta años antes. Y en 1887 la Royal Society concedió al fin a Newlands una medalla por el trabajo que la Chemical Society se había negado a publicar.

En cuanto al metal descubierto por Lecoq de Boisbaudran, éste usó su prerrogativa de inventor de darle nombre. Lleno de noble patriotismo, le dio el de su tierra natal; pero acordándose de la Roma antigua, usó el nombre latino *Gallia,* de modo que el nuevo elemento se denominó «galio».

Pero ¿fue aquello patriotismo puro? *Lecoq* significa 'el gallo', de la palabra latina *gallus*. Así pues, ¿tomó el gallo su nombre de «Galia», país, o de *gallus*, su propio descubridor? ¿Quién lo sabe?

Este elemento no es de los más abundantes, pero tampoco de los más caros. Viene a ser tan abundante como el plomo, o sea, unas 30 veces más que el mercurio y 3.000 veces más que el oro. Por desgracia el galio está repartido en la corteza terrestre con mucha más uniformidad que los elementos citados; así que hay poquísimas zonas en que esté lo bastante concentrado para que su extracción resulte práctica. Su fuente más abundante es una mina del sudeste de África; y aun allí los minerales sólo contienen un 0,8 por ciento de galio; pero la concentración habitual es 0,01 por ciento. Unos cuantos miles de libras es toda la producción anual que se consigue.

La propiedad más chocante del galio es su temperatura de fusión, que vale 29,75° C (85,5 °F). Eso significa que ordinariamente es sólido, pero se funde en los días calientes de verano. Notemos también que ese punto de fusión está por debajo de la temperatura normal del cuerpo humano (37° C o 98,6° F). Esto permite hacer un sensacional experimento: se toma una varilla de galio sólido. Eso es un requisito bastante caro, desde luego, pues el precio anual del galio anda por los 50 dólares la onza. ¡Bueno!, se pide prestada una varilla de galio sólido.

Se escoge, naturalmente, un día en que la temperatura pase de 30° C, y se sujeta la varilla con unas tenazas frías. Póngase el extremo inferior de la varilla en la palma de la mano y déjese allí. El calor de la mano basta para ir fundiendo el galio lentamente; la varilla va acortándose y en la mano se forma un charco de líquido plateado semejante al mercurio. Ningún otro metal puro produce este efecto; y da auténtica grima ver cómo una materia que parece acero va deshaciéndose de ese modo.

Nada pasa por tocar galio líquido; pero éste no tiene el chocante peso del mercurio, pues no es ni la mitad de denso que él. Además el galio líquido moja el cristal, lo cual le priva de algunos efectos interesantes del mercurio, que no lo moja.

El punto de fusión del galio puede rebajarse aún más, mezclándolo con otros metales relativamente fusibles. Con proporciones adecuadas de indio y estaño, produce una aleación que funde ya a 10,8° C. Puede reemplazar al mercurio para contactos eléctricos sin rozamiento, con partes móviles.

El galio, una vez fundido, ofrece resistencia a volverse a cuajar, aunque se le enfríe bastante. Permanece líquido aun en un baño de hielo. Pero si en ese galio líquido «subfundido» cae una partícula de galio sólido, ésta actúa como «semilla», alrededor de la cual los átomos de galio se alinean ordenadamente; así, el líquido se solidifica al instante.

En la mayor parte de las sustancias, la fase líquida es menos densa y más voluminosa que la sólida. Por tanto, los líquidos suelen contraerse al solidificarse. Pero en esto hay varias excepciones, la más importante de ellas el agua. Mientras que la densidad del agua líquida es de 1,00 g/cm^3, la del hielo vale 0,92 g/cm^3. Es decir, que 10 cm^3 de agua líquida ocupan 11 cm^3 después de congelarse. La presión necesaria para volver de nuevo ese volumen a los 10 cm^3 es enorme. Si dejamos congelar agua en un recipiente lleno y herméticamente cerrado, hay que ejercer esa misma enorme presión para impedir que se dilate. Hay pocos recipientes capaces de resistir eso; aun los más fuertes estallan.

También es excepción el galio. La densidad del líquido es de 6,1 g/cm^3, mientras que la del sólido vale 5,9. Es decir, que 29 cm^3 de galio líquido ocupan tras congelarse 30 cm^3. Las presiones desarrolladas no son tan enormes como en el caso del agua, pero son muy grandes. Por eso el galio se embarca en recipientes de goma o de plástico. Si durante la navegación el metal se funde y vuelve a solidificarse, los recipientes se abultan o deforman, pero no estallan.

El galio no es sólo notable por su bajo punto de fusión, sino también por su alto punto de ebullición. Hierve a 1.983° C, de modo que a las temperaturas corrientes y aun al rojo vivo produce cantidades insignificantes de vapor. En esto es del todo diferente al mercurio, que hierve a 357° C y produce cantidades perceptibles de vapor aun a las temperaturas corrientes. El vapor de mercurio es tóxico, lo cual obliga a manejar el metal con sumo cuidado. En cambio, el galio no plantea en absoluto problemas de esa índole.

Esa combinación de punto de fusión bajo con punto de ebullición alto en el galio brinda una posibilidad: en los termómetros se usa mercurio, porque es líquido en todo el margen ordinario de temperaturas que interesa a los químicos. Para los fríos extremos, por debajo de −39° C, los químicos tienen que usar termómetros de alcohol etílico, que no se congela hasta los −117° C. Para temperaturas más bajas aún se aplican otros artificios.

¿Y para temperaturas en márgenes más altos que los que puede abarcar el mercurio? Para ésas necesitamos una sustancia que no se altere con el calor (los elementos son más seguros que los compuestos), que sea líquida en parte del intervalo líquido del mercurio y que no hierva hasta temperaturas lo más altas posible.

En otras palabras, ¿qué elementos tienen puntos de fusión por debajo de 357° C y puntos de ebullición por encima de 357° C? Hay 14 que reúnen esas condiciones. En la tabla 6 figuran por orden de amplitud del margen de temperaturas en que se mantienen líquidos.

Como ven ustedes, hay en esta lista tres elementos con un margen líquido de 2.000 grados o cerca. Eso es muy excepcional, porque no hay otros que lo cumplan en toda la lista. (Hay, desde luego, otros elementos que permanecen líquidos durante 2.000 grados o más, pero tienen esos intervalos líquidos a temperaturas muy altas e inconvenientemente distribuidas. De poco sirve, por ejemplo, que el osmio permanezca líquido 2.600 grados, desde 2.700° C hasta 5.300° C.)

Con un margen amplio «pero útil», que se extienda hasta 2.000° C, tenemos sólo tres elementos: estaño, galio e indio, en este orden.

Sucede que ninguno de ellos existe disponible en gran cantidad, pero para llenar termómetros no se precisan cantidades grandes. De los tres, el galio, por ser el más fusible, resulta con mucho el más fácil de manejar, en una técnica que, para llenar el termómetro, tiene que usar líquidos.

Tabla 6

Elemento	Punto de fusión (°C)	Punto de ebullición (°C)	Margen líquido (°C)
Estaño	232	2.270	2.038
Galio	30	1.983	1.953
Indio	156	2.000	1.844
Plomo	327	1.620	1.293
Bismuto	271	1.560	1.289
Talio	302	1.457	1.155
Litio	186	1.336	1.150
Sodio	98	880	782
Potasio	62	760	698
Rubidio	38	700	662
Cesio	28	670	642
Selenio	217	688	471
Cadmio	321	767	446
Azufre	113	445	332

Por eso se usan en la práctica termómetros de galio. Así como en los termómetros corrientes la fina columna de mercurio va encerrada en vidrio, en los de galio esa fina columna líquida se encierra en cuarzo; y esos termómetros son especialmente útiles entre los 600° C y los 1.500° C.

El galio está demostrando su utilidad en estudios sobre el «estado sólido», para los cuales hay que obtenerlo –y se obtiene– con una proporción de impurezas no mayor que una millonésima.

Uno de sus compuestos, el arseniuro de galio (GaAs), se usa en pilas solares, que transforman directamente la luz solar en corriente eléctrica. Sirve también como semiconductor y en transistores, a temperaturas más altas que las cubiertas por los artificios de ese género más corrientes. Todo induce a creer que puede usarse para producir un rayo de láser.

Nadie duda de que el galio puede producir un provechoso impacto en el mundo nuevo de la ciencia de vanguardia; pero no es probable que ninguno de sus futuros beneficios supere en trascendencia y encanto a la historia de su descubrimiento.

Cómo averiguar quién es químico

Hace algún tiempo veía yo un programa de televisión titulado «Averiguar la verdad». Por si no sabéis cómo es, os explicaré que lo hace un equipo de cuatro personas, que intentan averiguar cuál de tres personas que se fingen John Smith es de veras John Smith. Tienen que deducirlo haciendo preguntas, que calculan que el auténtico John Smith sabrá contestar correctamente (pues hay que decir la verdad) y los falsos no, por listos que sean.

Veía yo aquel programa porque Catalina de Camp, la bella y simpática esposa de L. Sprague de Camp, aparecía en él en calidad de arqueóloga. Para sorpresa mía, dos de los cuatro del equipo no querían creer que aquélla fuese la verdadera Catalina de Camp. La consideraron descalificada cuando, respondiendo a una pregunta, afirmó que no ha existido la Atlántida. El ademán de desaprobación del equipo fue elocuente; era obvio que pensaban: «¿Qué verdadero arqueólogo va a negar que existió la Atlántida?».

A mí aquello me hizo pensar:

¿Cómo distinguir rápida y fácilmente entre un especialista y un no especialista ingenioso? Creo yo que preguntando pequeños detalles, para los cuales a nadie se le ocurre preparar al no especialista.

Como la profesión que mejor conozco es la de químico, discurrí, por ejemplo, dos preguntas para distinguir a un químico de un no químico. Ahí van:

1.ª ¿Cómo pronuncia usted UNIONIZED*?
2.ª ¿Qué es un MOLE?

La palabra de la primera pregunta el no químico la entenderá y pronunciará como «unión-ized» (sindicado). El químico, en cambio, la entenderá y pronunciará como «un-ion-ized» (no ionizado).

A la segunda pregunta el no químico contestará: «un animalito de piel aterciopelada, que abre túneles»; o bien si es ingeniero dirá: «un dique».

En cambio, un químico se aclarará la voz y empezará: «Pues verán ustedes...», y estará horas hablando.

¡Ésta es la mía! Hablemos sobre la versión química del bichito de piel aterciopelada.

Para ello empecemos por las moléculas. La molécula de oxígeno, formada por un par de átomos de oxígeno, tiene de peso molecular 32. En cambio, la molécula de hidrógeno, formada también por dos átomos, tiene de peso molecular 2. Esos pesos moleculares son simples números, y no necesitamos aquí penetrar su significación. Lo único que tenemos que entender ahora es que las masas de una molécula de oxígeno y una de hidrógeno están en la relación de 32 a 2, indicada por sus pesos moleculares.

Si tomamos dos moléculas de oxígeno y dos de hidrógeno, la masa de cada sustancia se duplicará, pero la relación sigue la misma, y tampoco cambia si tomamos 10 moléculas de cada clase, o 100, o 5.266, etc.

---

* *Unionized* admite dos acepciones: 'no ionizado' y 'sindicado'. *Mole* admite tres: 'mol', 'topo' y 'dique'. *(N. del T.)*

Podemos generalizar diciendo que mientras tengamos igual número de moléculas de oxígeno y de hidrógeno, la masa total del oxígeno es a la del hidrógeno como 32 es a 2.

Podemos partir de una muestra de 2 gramos de hidrógeno, que contiene un cierto número de moléculas de hidrógeno, que llamaremos N. Figuraos que tenemos también una muestra de oxígeno, con N moléculas. Como ambas muestras gaseosas contienen igual número de moléculas, la masa de oxígeno es a la de hidrógeno como 32 es a 2. Hemos supuesto de 2 gramos la masa de hidrógeno; luego la masa de oxígeno valdrá 32 gramos.

Deducimos que 2 gramos de hidrógeno y 32 de oxígeno contienen ambos N moléculas.

Notad la significación de la muestra con 2 gramos de hidrógeno. Son tantos gramos como vale el peso molecular: (2). Podemos, pues, llamar a 2 gramos «el peso molecular en gramos de hidrógeno». (Análogamente, 2 libras de hidrógeno serían «el peso molecular en libras de hidrógeno»; 2 toneladas de hidrógeno, «el peso molecular en toneladas» de hidrógeno, etc. Pero nos limitaremos a «pesos moleculares en gramos».)

Por igual razonamiento, 32 gramos de oxígeno serán el «peso molecular en gramos» de oxígeno.

Pero la expresión «peso molecular en gramos» es demasiado larga. Como los químicos tienen que usarla muy a menudo, buscaron ávidamente una abreviatura. En la segunda palabra figura, como veis, la sílaba mol. Con una entusiástica exclamación de regocijo, los químicos adoptaron «mol» como abreviatura de «peso molecular en gramos».

Pues bien, ya he demostrado que 1 mol de hidrógeno y 1 de oxígeno tienen el mismo número (N) de moléculas. Razonando análogamente, se demuestra que un mol de una sustancia cualquiera tiene N moléculas.

Ejemplo: el peso molecular del agua es 18, el del ácido sulfúrico 98, el del azúcar de mesa 342. Hay, pues, N moléculas en 18 gramos de agua, en 98 de ácido sulfúrico y en 342 de sacarosa.

Ahora ya he explicado el mol, pero unas cosas tiran de otras y no quiero detenerme.

Suponed que tomáis 1 mol de hidrógeno (2 gramos) y lo mantenéis a las llamadas presión y temperatura normales (P T N), o sea, a 0° C de temperatura y a una atmósfera de presión. Encontraréis que ese hidrógeno ocupa un volumen de 22,4 litros.

Suponed que hacéis lo mismo con un mol de oxígeno (32 gramos). Su volumen a P T N es también 22,4 litros. En fin, tomad 22,4 litros de cualquier gas, y aunque la masa de ese volumen variará mucho según cuál toméis, os encontraréis siempre con un mol[1].

Del mismo modo, 11,2 litros de cualquier gas contienen 0,5 moles suyos; 44,8 litros de gas contienen dos moles, etc., etc. Por eso podemos formular el siguiente enunciado: «Volúmenes iguales de gases, a la misma presión y temperatura, contienen igual número de moléculas».

Esa proposición es fácil de establecer en cuanto se tiene una idea de la teoría atómica de la materia y se observa que 2 gramos de hidrógeno y 32 de oxígeno ocupan el mismo volumen.

Pero tal principio lo enunció el primero, en 1811, un físico italiano llamado Amadeo Avogadro, en tiempos en que la teoría atómica acababa de ser propuesta y comenzaba a penetrar en las conciencias químicas. El principio, llamado hoy aún «hipótesis de Avogadro», pareció en aquella época desprovisto de fundamento sólido y quedó generalmente ignorado. Pasaron cincuenta años antes de que se apreciaran

---

1. En realidad eso es cierto exactamente sólo en el caso de «gases perfectos», que volveré a mencionar en este capítulo. Los gases «reales» se desvían algo de estas condiciones, y algunos no tan poco. Pero para nuestro objeto actual prescindiré de esas ligeras «imperfecciones».

su mérito y utilidad, y, como podéis suponer, Avogadro murió algunos años antes de poder verse vindicado.

Una pregunta inmediata es cuánto vale N. Cuántas moléculas hay en un mol de cualquier sustancia. Evidentemente un número muy grande, dado lo pequeñas que son las moléculas; pero eso era todo lo que se sabía al principio. Avogadro en sus tiempos no tenía la menor idea del valor exacto de N, ni ningún otro tampoco.

Hasta 1865 no obtuvo el físico alemán J. Loschmidt el primer valor aceptable, siguiendo un camino teórico. Desde entonces se han utilizado una docena, por lo menos, de métodos diferentes, y todos dan prácticamente el mismo resultado. El número de moléculas por mol de sustancia, llamado por cierto «número de Avogadro», resulta ser, según el valor oficial adoptado en 1963, $6,02252 \times 10^{23}$. Si lo queréis escrito del todo, tenéis que poner: 602.252.000.000.000.000.000.000, es decir, 602.252 trillones.

Del número de Avogadro podemos deducir la verdadera masa de una molécula, dividiendo por él el peso molecular. Así, pues, si 32 gramos de oxígeno contienen 602.252×10^{18} moléculas, cada molécula de oxígeno tendrá una masa de $32/602.252 \times 10^{18}$, o sea, unos $5,31 \times 10^{-23}$ gramos (0,000.000.000.000.000.000.000.053.1 gramos).

Podrá pareceros injusto que se le dé el nombre de Avogadro a un número que él no evaluó; a mí no, porque él fue quien dio el salto mental decisivo a este respecto. Pero si encontráis insoportable esa aparente injusticia, tranquilizaos. Loschmidt, el primero que calculó el número de Avogadro, recibe también los debidos honores. El número de moléculas por cm^3 de gas a P T N se llama «número de Loschmidt». Como un mol de gas a P T N ocupa 22,4 litros, o con más exactitud 22.415 cm^3, el número de Loschmidt será el de Avogadro, dividido por 22.415. Por tanto, vale el de Loschmidt $2,68683 \times 10^{19}$, o sea, 26.868.300.000.000.000.000, es decir, poco menos de 27 trillones.

Vamos ahora a entretenernos, jugando un poco con el número de Loschmidt, que designaremos por L.

Si en 1 cm³ de gas hay L moléculas, la distancia media entre los centros de dos moléculas próximas es igual a la recíproca de la raíz cúbica de L, es decir, a $1/\sqrt[3]{L}$.

Calculándolo (lo haré yo, no voy a cargároslo todo), se pone de manifiesto que la distancia intermolecular en un gas a P T N es $3,33 \times 10^{-7}$ cm. Es una distancia pequeñísima, pues viene a valer un tercio de millonésima de centímetro, y un centímetro viene a ser 2/5 de pulgada. Podríamos creer justificado considerar los gases llenos de moléculas hasta rebosar.

Mas pensémoslo con más calma. La «unidad Angstrom» es la cienmillonésima parte de un centímetro (10^{-8} cm) y suele designarse por A. Es decir, que la distancia intermolecular en un gas a P T N vale 33,3 A.

Pero el radio de una molécula pequeña viene a medir poco más de 3 A. Es decir, que la separación entre moléculas pequeñas es como 10 veces el radio de las mismas. Si hinchamos una hasta que alcance el tamaño de la tierra, su vecina, hinchada al mismo tamaño, distaría 40.000 millas, poco más de 1/6 de la distancia tierra-luna. Astronómicamente eso sería muy próximo, pero la tierra no se sentiría muy estrechada por una vecina a tal distancia.

Como que la parte de espacio ocupado por las moléculas pequeñas del gas sería sólo 1/1.000 de su volumen total. Dicho de otro modo, los gases corrientes contienen como un 99,9 por ciento de espacio intermolecular y sólo 0,1 por ciento de moléculas.

Desde ese punto de vista los gases no están nada abarrotados de materia. Más bien deben considerarse como una buena aproximación al vacío.

Notad que suponemos siempre temperatura y presión normales. Si aumenta la presión, es fácil concentrar más las moléculas, por el gran espacio vacío que hay en los gases. En efecto, duplicando la presión, se reduce a la mitad el volumen; triplicándola, se reduce al tercio, etc., con tal de que no varíe la temperatura.

Os preguntaréis por qué las moléculas del gas no se juntan todas espontáneamente; al menos por qué se mantienen tan alejadas. El motivo es que poseen energía, que se manifiesta en forma de rápidos movimientos, los cuales despiden las moléculas hacia afuera, digámoslo así, por los incesantes choques. Si disminuye la presión, las agitaciones moleculares separan aún más las moléculas; si se reduce a la mitad, el volumen del gas se duplica; si se reduce a la tercera parte, el volumen se triplica, etc., suponiendo siempre que no varía la temperatura.

Si ésta se eleva y la presión sigue fija, crecen las velocidades moleculares, la agitación es más violenta y aumenta el volumen. Si desciende la temperatura, el volumen disminuye. Hay, pues, un claro nexo entre la temperatura, la presión y el volumen de una determinada muestra gaseosa. Si el gas es perfecto, tal relación puede expresarse por una «ecuación de estado» muy sencilla. Para los gases reales hay que modificar esa ecuación, haciéndola más complicada; pero eso lo trataremos otra vez, quizá.

El primero que notó la relación entre presión, temperatura y volumen en los gases fue el químico inglés Roberto Boyle, en 1662. En 1677 un físico francés, Edme Mariotte, descubrió la relación independientemente, y fue el primero que especificó que había que mantener constantemente la temperatura. Por eso en Inglaterra y Norteamérica decimos «ley de Boyle», y en Europa continental, «ley de Mariotte».

En 1699 un físico francés, Guillermo Amontons, notó el efecto de la temperatura sobre el aire y la relación entre ella y el volumen. Otro físico francés, Jacobo A. C. Charles, repitió la observación en 1787, y notó que regía para todos los gases y no para el aire sólo. Pero Charles no publicó esas observaciones; las publicó un químico francés, José Luis Gay-

Lussac, que volvió a repetirlas en 1802. Por eso esa ley se llama «ley de Charles» o «de Gay-Lussac». Del pobre Amontons nadie habla.

Hasta entonces, el desarrollo del conocimiento de la ecuación de estado de los gases era fruto de pura observación empírica. Pero en los 1860, el físico matemático escocés James Clerk Maxwell definió un gas como un enjambre de moléculas perfectamente elásticas, en rápido movimiento fortuito, y sometió ese enjambre molecular a una rigurosa interpretación por los métodos estadísticos. El físico austríaco Luis Boltzmann hizo lo mismo independientemente. Ambos demostraron que dicha hipótesis proporciona una elegante explicación de las relaciones entre presión, temperatura y volumen.

Así se desarrolló la teoría cinética de los gases (cinética deriva del nombre griego del movimiento); y a base de esa teoría y de sus ecuaciones fue como calculó Loschmidt por primera vez el número de Avogadro. ¡Admirad la conexión de la ciencia!

La teoría cinética de Maxwell se fundó en dos suposiciones que no son del todo correctas. Supuso, para simplificar, que cada molécula del gas tenía volumen nulo; y que no había mutua atracción entre ellas. Los gases en que se cumplen esas suposiciones son los «perfectos», que antes mencioné. En los gases reales las moléculas son pequeñísimas, no de tamaño nulo, y hay una atracción mutua insignificante, pero no nula. Así, pues, los gases reales son más o menos «imperfectos». La imperfección es mínima en los gases helio, hidrógeno y neón, cuyas moléculas, simples átomos en el caso del helio y el neón, son mínimas, lo mismo que la mutua atracción.

Pero supongamos que se trata de un gas perfecto y estudiemos el influjo de la temperatura. Si partimos de un mol de gas perfecto a P T N, sabemos que su volumen es de

22.415 cm³. Por cada grado C que elevemos la temperatura, el volumen crecerá un poquito más de 82 cm³, y por cada grado C que la temperatura descienda, el volumen decrecerá un poco más de 82 cm³.

Si continuamos bajando la temperatura grado a grado, y el volumen se reduce en 82 cm³ por grado, cuando alcancemos la temperatura de −273,15° C, el volumen se habrá reducido a cero. Ese hecho fue lo primero que suscitó la idea de considerar los −273,15° C como un cero absoluto, un frío límite, imposible de sobrepasar.

Claro que sólo en un gas perfecto, con moléculas de tamaño nulo, puede concebirse que se reduzca a cero el volumen. En un gas real, con moléculas de cierto tamaño, el volumen sólo puede disminuir hasta que las superficies de las moléculas se toquen, pues entonces la situación cambia radicalmente.

Supongamos que las moléculas de un cierto grado tienen un radio de 1 A. Dos moléculas en contacto tendrán sus centros a una distancia igual a la suma de los radios, es decir, a 2 A de distancia. Podemos calcular a qué temperatura ocurrirá esto.

A 0° C la distancia entre los centros es 33,3 A, y a −273,15 la distancia teórica sería nula. La distancia disminuye uniformemente al descender la temperatura; luego a −257° C ya sólo valdrá 2 A y las moléculas entrarán en contacto. Como −257° C son unos 16° sobre el cero absoluto, podemos llamarlos 16° K (K es la inicial de Kelvin, porque Lord Kelvin fue el primero que usó una escala de temperatura con el origen en el cero absoluto).

Si la molécula es especialmente pequeña, de sólo 0,5 A de radio, el contacto molecular se establece a la temperatura de 8° K.

Una vez establecido el contacto, no es probable que la sustancia siga comportándose como un gas, al menos en condiciones corrientes. Tendremos, por el contrario, una «fase condensada».

Al establecer por primera vez el contacto, las moléculas tienen aún bastante energía para deslizarse libremente unas sobre otras. Están, pues, en el «estado líquido». Si la temperatura desciende aún más y pierden más energía, las moléculas dejan de trasladarse, y la sustancia pasa al «estado sólido».

Por lo dicho hasta ahora, parece que un gas perfecto nunca se liquidaría, pues sus moléculas sólo entrarían en contacto en el cero absoluto, que es una temperatura inaccesible. Mas los gases reales, al menos eso parece, deben licuarse a temperaturas próximas al cero, pero no demasiado próximas.

Eso sucede más o menos con los tres gases reales más cercanos a la «perfección». El helio, el menos imperfecto, se licua a 4,2° K. El hidrógeno, a 20,3° K, y el neón, a 27,2° K. Pero otros gases se licuan a temperaturas considerablemente más altas. Por ejemplo, el oxígeno, sin ser demasiado imperfecto, se licua a 90,1 K.

A esa temperatura los centros de las moléculas próximas distan, por término medio, unos 11 A. Aun atribuyéndoles un radio de 2 A, las superficies quedan separadas 7 A. La temperatura tendría que descender a cerca de 30° K para que entrasen en contacto.

No obstante, el oxígeno se licua a 90,1° K, y no a 30° K. Para explicar eso tenemos que recordar la otra «imperfección» de los gases reales: la existencia de una atracción entre las moléculas. En el caso del helio, el hidrógeno y el neón esa atracción es muy floja. Cuando casualmente chocan átomos de helio, la atracción mutua es tan pequeña, que para vencerla basta la pequeña energía de movimiento existente a bajísimas temperaturas. Por eso el helio no se licua sino forzado por el contacto de las superficies moleculares.

Pero entre las moléculas de oxígeno la atracción es mucho más fuerte que entre los átomos de helio o neón, o entre las moléculas de hidrógeno. En cuanto la temperatura desciende a 90,1° K, la energía del movimiento ya no basta para separar las moléculas que hayan chocado casualmente. La atracción entre las moléculas de oxígeno tiene bastante fuerza para mantener la pareja unida, y el gas se licua.

Gran número de cuerpos ejercen atracciones intermoleculares (o interatómicas o interiónicas) tan fuertes, que no son gaseosos ni aun a altas temperaturas; algunos pocos hasta la de 6.000° C.

Ocupémonos ahora de las fases condensadas, empezando por el hidrógeno líquido. Tiene una densidad de 0,07 gramos por cm^3 en su punto de ebullición, en el cual la fase condensada de toda sustancia presenta mínima densidad.

Como 2 gramos (1 mol) de hidrógeno contienen 6,02252 × 10^{23} moléculas, 0,07 gramos contendrán unas 2,09 × 10^{22} moléculas. La distancia media entre sus centros será, pues, 3,63 A. Ése puede ser tomado como diámetro efectivo de la molécula de hidrógeno en la fase líquida. (Para la molécula de oxígeno, cálculos análogos dan un diámetro de unos 3,9 A.)

Podríais suponer que, conforme se avanza por la tabla atómica hacia elementos cada vez más complejos, los diámetros atómicos, deducidos de la densidad de las fases condensadas de los elementos, se harían cada vez mayores. No es así, sin embargo.

El volumen atómico está sumamente influido por el espacio que ocupan los electrones del átomo, y depende mucho del modo en que están dispuestos. Los electrones se ordenan en capas y en algunos átomos la capa más externa está ocupada por un solo electrón, que suele estar ligado muy flojamente, y se aleja bastante del núcleo, dándole al átomo excepcional volumen. Eso sucede con el sodio, potasio, rubidio y cesio, sobre todo con el cesio, porque tiene mayor número de electrones que los demás átomos de su grupo.

Como los metales en general, el cesio se considera constituido por átomos sueltos, no ligados en combinaciones moleculares. Su peso atómico es 132,9, así que 132,9 gramos es el peso del átomo en gramos. No es peso de la molécula en gramos, así que no es, en rigor, un mol verdadero. El «peso atómico en gramos» de un elemento contiene el número de Avogadro de átomos.

La densidad del cesio a temperatura ambiente es 1,87 gramos por cm^3, así que 1 cm^3 de cesio contiene $2,15 \times 10^{21}$ átomos. El diámetro efectivo de un átomo en el cesio sólido es, pues, unos 5 A.

En cambio, cuando la capa más externa está a medio llenar de electrones, el átomo es muy pequeño. Los electrones se mantienen excepcionalmente cercanos al núcleo, y eso implica que los átomos vecinos pueden aproximarse excepcionalmente entre sí.

Y, en efecto, la «densidad de empaquetamiento» oscila en ondas periódicas, conforme aumenta el peso atómico. El diámetro atómico alcanza un máximo y la densidad de empaquetamiento un mínimo, cada vez que llegamos a una capa externa de un solo electrón; y el diámetro atómico presenta un mínimo y la densidad de empaquetamiento un máximo, cuando la capa electrónica externa queda a medio llenar. Eso fue lo que le sugirió en 1870 al químico alemán Lotario Meyer la idea de la «tabla periódica» de los elementos. Pero Meyer «perdió la carrera» por poco; pues el químico ruso Dmitri I. Mendeléev llegó a la misma conclusión muy pocos meses antes, por otra línea de pensamiento. Pero ése es otro asunto.

Ejemplos de regiones de la tabla periódica de átomos singularmente pequeños son, por orden de complejidad creciente de la estructura atómica: 1) el berilio, el boro y el carbono; 2) el hierro, el cobalto y el níquel; 3) el rutenio, el rodio y el paladio; y 4) el osmio, el indio y el platino.

Sin entrar en los detalles matemáticos, he aquí algunas distancias interatómicas de sólidos a temperatura de gabinete (y, por tanto, diámetros efectivos): carbono, en forma de diamante, 1,8 A; níquel, 2,2 A; rodio, 2,4 A, y osmio, 2,4 A.

El diamante es el más compacto de los sólidos. Como, además, en él cada átomo de carbono está sólidamente sujeto por los cuatro inmediatos, en proximidad récord, el diamante resulta el cuerpo más duro conocido, con la posible excepción del nitruro de boro, que imita de cerca su estructura.

Cuanto más compacto sea un sólido, más denso será; y cuanto mayor sea la masa de sus átomos, resultará más extremadamente denso. De los varios grupos de átomos compactos, los de mayor masa son los del osmio, el iridio y el platino. Deben ser, pues, y *son* los más densos de los cuerpos simples, y también de los compuestos.

La densidad del platino es de 21,37 gramos por cm^3; la del iridio, 22,42; y la del osmio, el campeón, 22,5, de modo que es como el doble de denso que el plomo y 1/6 más denso que el oro. Un pie cúbico no es gran volumen; pero el pie cúbico de osmio pesa 1.400 libras.

Naturalmente, cuanto más distantes están los centros de los átomos, menos trabajo cuesta, manteniendo fijas las restantes condiciones, separarlos del todo, por el calor o por el tirón químico de otros átomos. Así el cesio, nada compacto, tiene su punto de fusión a 28,5° C y el de ebullición a 670° C; mientras que el osmio funde a 2.700° C y hierve a temperatura superior a 5.300° C.

De todos los sólidos el más compacto es el carbono, y también el de más elevado punto de ebullición. Llega a cerca de 2.700° C, antes de cesar de ser sólido. (Realmente no se funde; se sublima, pasando a carbono gaseoso.)

Además, el cesio es tan propenso a dejar la compañía de sus hermanos, para juntarse con átomos distintos, que es el más activo de todos los metales. Menos activos son, en cambio, el osmio, el iridio y el platino.

¿Lo veis?

Los alumnos principiantes de Química la tienen con frecuencia por una simple colección de datos inconexos, que hay que «empollarse» a fuerza bruta. ¡De ningún modo! Enfocadla debidamente y todo se relacionará y cobrará sentido.

Claro que no siempre es fácil dar en el quid del adecuado enfoque.

Los lagartos terribles

Acaba* James D. Watson de publicar un libro, *La doble hélice,* en que detalla la historia interna del descubrimiento de la estructura de la molécula de ADN. Está alcanzando gran éxito esta obra, más que por la importancia del tema, porque presenta a los científicos como seres humanos, sujetos a las humanas flaquezas.

Pero, ¿por qué no? Una inteligencia preclara no es forzoso que vaya siempre unida a un gran espíritu. Entre los científicos hay bellacos, como en cualquier otro grupo.

Mi candidato predilecto para un puesto eminente en la bellaquería científica es sir Richard Owen, zoólogo inglés del siglo XIX. Fue el último de los «filósofos naturales» de primer orden, que aceptaban las ideas místicas del naturalista alemán Lorenz Oken. Creían ellos en el desarrollo evolutivo por vagas fuerzas internas, que guiaban a las criaturas hacia ciertas metas especiales.

Cuando en 1859 Charles Darwin publicó el *Origen de las especies,* donde presentaba pruebas de la evolución por se-

---

* 1968.

lección natural, Owen quedó horrorizado. La selección natural, como la describía Darwin, era una fuerza ciega, que transformaba las especies actuando sobre variaciones casuales de los individuos.

No podía Owen aceptar la evolución por efectos casuales, y se opuso a Darwin; con todo derecho, naturalmente. Era hasta deber suyo científico impugnar sus doctrinas con todas sus fuerzas. La interpretación de Darwin, como toda interpretación científica, tenía que sobrevivir a los combates librados en el palenque intelectual; y ningún arma honrada es lícita en esos combates.

Ningún arma *honrada*. Owen escogió la de criticar el libro de Darwin en todos los diferentes artículos que logró publicar. Eligió presentar anónimas esas recensiones, citando extensamente sus propios trabajos, con exaltados elogios, para aparentar que los impugnadores eran muchos. Eligió dar un extracto nada fiel del contenido del libro, ridiculizándolo en vez de aducir objetivamente argumentos adversos. Y, aun peor, incitó a otros a atacar a Darwin, en forma venenosa y anticientífica, ante públicos profanos, proporcionándoles para ello información falsa.

En suma, Owen fue cobarde, maligno y despreciable; y para mí es motivo de satisfacción que resultase derrotado.

Pero no permitamos que esto nos impida reconocer sus importantes contribuciones a la biología. Descubrió en 1852 las glándulas paratiroideas, al disecar un rinoceronte. (Habían de pasar no pocos años antes de que se descubriesen también en el hombre.) Fue el primero en describir los recién extinguidos dinornis de Nueva Zelanda, y el parásito, en modo alguno extinto, identificado más tarde como agente de la triquinosis.

Pero para el «gran público», su mayor fama la debe a una palabra: fue uno de los primeros en estudiar los fósiles de ciertos gigantescos seres, extinguidos mucho ha, que pronto cautivaron la mundial fantasía. Hasta cinco veces mayores que los más gigantescos elefantes actuales, hacían temblar el suelo hace entre 70 y 270 millones de años.

Los enormes esqueletos, reconstruidos por los restos fosilizados, eran de naturaleza netamente reptiliana. Por eso Owen los llamó «los lagartos terribles» y, para decirlo en griego, los *Dinosauria*. (Realmente esos gigantescos reptiles antiguos tienen más cercano parentesco con los caimanes que con los lagartos; pero yo reconozco que *Dinocrocodilia* hubiese sido un nombre inadmisible.)

El nombre arraigó y hoy yo estoy seguro de que muchos niños saben describir varios dinosaurios, aunque no sepan describir un hipopótamo ni hayan oído hablar de un okapi.

Pero con toda su mundial fama y su enorme popularidad, el dinosaurio ha desaparecido del cuadro zoológico; resulta que no hay ni un solo grupo de animales que puedan llamarse por ese nombre. Se ha borrado el término de la tabla de clasificación animal. Podéis repasarla de arriba abajo y no encontraréis el rótulo «dinosaurios». (Casi nos da risa, sir Owen.)

Es más, los dinosaurios no son necesariamente grandes y monstruosos. Muchos de ellos eran bien pequeños y mucho menos «terribles» que, por ejemplo, un perro policía hostigado. En cambio, algunos de los grandes reptiles extintos, que parecen terribles de veras, no se consideran dinosaurios en el sentido estricto de la palabra.

Abordemos, pues, el tema de «los lagartos terribles», y veamos lo que eran y lo que no.

Al clasificar los antiguos reptiles, hay que usar necesariamente la estructura ósea como base de diferenciación, pues para estudiar esos animales, muertos hace tanto, sólo huesos nos quedan. El cráneo se usa con frecuencia, porque tiene una complicada textura de muchos huesos, que presenta variedades de cómoda amplitud.

La clase *Reptilia*, por ejemplo, se divide en seis subclases, con arreglo en gran parte a la textura del cráneo. Los cráneos más primitivos tienen la textura ósea sólidamente cerrada, detrás de la órbita del ojo. Tales cráneos pertenecen a la subclase «anápsida» ('sin abertura')[1].

Los primeros reptiles importantes del orden *Cotylonosauria* ('lagartos-copa', por sus vértebras en forma de copa) tenían cráneo anápsido. Esos reptiles, bajos, fornidos, de sólo seis pies de largo y no excesivamente avanzados respecto a sus antecesores anfibios, existieron hace unos 300 millones de años. Suelen llamarse reptiles-tronco, pues representan el tronco del árbol genealógico reptiliano, del cual se ramifican todas las formas posteriores, aunque ellos mismos se extinguieron mucho ha.

Un grupo, y sólo uno, de descendientes suyos, que apareció pronto (quizás hace 230 millones de años), conservó el cráneo anápsido. Es bien notable que ese orden primitivo existe aún, aunque parientes más avanzados se han extinguido hace tiempo. Este orden son los quelónidos (tortugas), que comprende naturalmente las tortugas de mar y de tierra.

Otro modelo de cráneo reptiliano tiene una abertura tras la órbita del ojo. Es característica del suborden de los sinápsidos ('con abertura'), que está por completo extinguido; no hay, al menos, reptiles con cráneo sinápsido. Sin embargo, de ellos descienden los mamíferos actuales.

---

1. La palabra *apsis* significa 'rueda', 'arco', 'bóveda' y algunas otras cosas. Si nos quedamos con la acepción de «rueda» y pensamos que se puede aplicar a cualquier abertura más o menos circular, podríamos traducir la palabra por 'abertura'. En este capítulo trataré de dar el significado literal de los términos zoológicos, que casi siempre son griegos o latinos. No debo ocultar que en algunos casos ignoro la razón de que se haya elegido ese significado literal. Si algún amable lector lo sabe, le agradeceré la información.

Hay otros dos modelos de cráneos reptilianos con una sola abertura detrás de las órbitas oculares. La disposición de los huesos alrededor de la abertura es diferente en los dos casos, y distinta en ambos de la propia de los cráneos sinápsidos. Resultan, pues, los subórdenes «parápsidos» ('abertura lateral') y «eurápsidos» ('abertura ancha'). Ambos subórdenes están totalmente extinguidos; no hay reptiles actuales de cráneos ni parápsidos ni eurápsidos, ni de ellos descendieron formas no reptilianas.

Los parápsidos más familiares son los ictiosaurios ('reptiles peces'). Es éste un buen nombre, porque en su primera aparición conocida, hace unos 220 millones de años, llevaban ya tanto tiempo viviendo en el mar, que estaban completamente adaptados a él. Habían tomado forma hidrodinámica de peces, como algunos de nuestros modernos mamíferos. Se parecían mucho, en efecto, a delfines de hocico largo.

Claro que, al hablar de ictiosaurios no hablamos de un solo animal, sino de un amplio grupo de animales distintos. Había, por ejemplo, especies de ictiosaurios que sólo tenían dos pies de longitud, y otras que alcanzaban los 60 pies. Los mayores tenían el tamaño de la moderna ballena de esperma; y en su época, hace 180 millones de años, eran los animales mayores. Unos 40 millones de años después, las especies gigantes se extinguían y fueron sustituidas por otras considerablemente menores, con colas más cortas y sin dientes.

Llegamos ahora a un punto delicado. Los ictiosaurios, no obstante su aspecto exterior de peces, eran completos y auténticos reptiles. Están extinguidos totalmente y algunos eran enormes. ¿No les habilita esto –ser grandes reptiles extinguidos– para ser incluidos entre los dinosaurios?

En lenguaje popular lo son indudablemente, pero esto no es correcto para los puristas. Casi todos los animales vulgarmente llamados dinosaurios pertenecen a una subclase especial de reptiles, y no a la parápsida. Estrictamente hablando, animales ajenos a esa especial subclase no tienen derecho al nombre; y en este sentido, los ictiosaurios no son dinosaurios.

Pasando a los eurápsidos, tenemos como los ejemplos más conocidos otros seres acuáticos, sólo ligeramente peor acomodados a la vida de mar que los ictiosaurios. Todos tienen miembros adaptados al chapoteo y la natación. Algunos parece que podrían aún moverse por tierra cojeando; pero hay un grupo tan perfectamente equipado de paletas natatorias, que no puede, sin duda, salir del mar. Se llaman plesiosaurios ('casi lagartos'), porque parecen verdaderos reptiles, excepto la peculiaridad de tener cuatro paletas en vez de patas corrientes.

Si los ictiosaurios eran los reptiles análogos a los delfines y ballenas, los plesiosaurios parecen ser reptiles-focas. Su particularidad más notable eran quizá los largos cuellos que tenían la mayor parte, aunque no todos. Probablemente los proyectaban hacia adelante, hacia los peces, como lanzas animadas. En plena era de los reptiles, hace 100 millones de años, había variedades de 50 o más pies de longitud, ocupada en dos terceras partes por el pescuezo. Una de esas gigantescas variedades, el «elasmosaurio» ('lagarto plateado'), tenía probablemente el más largo pescuezo que existió en el mundo.

Los plesiosaurios responden mucho mejor que los ictiosaurios a la noción vulgar de los dinosaurios. Tienen cabeza pequeña, largos cuellos y colas y cuerpo en forma de tonel. Pero, como los ictiosaurios, tampoco son dinosaurios, pues pertenecen también a otra subclase.

Eso nos lleva a un quinto modelo de cráneo, que es el de mayor éxito *en un sentido puramente reptiliano*. (Establezco esta distinción porque los sinápsidos, aunque de éxito mediocre, dieron origen a los mamíferos, lo cual constituye un éxito enorme, aunque no reptiliano.)

En esa quinta clase de cráneo hay dos aberturas tras la órbita; tales cráneos se llaman diápsidos ('de dos aberturas'). Pero no existe ninguna subclase de ese nombre. El motivo es que hay nada menos que dos grupos importantes de reptiles con cráneos diápsidos, y ninguno de ellos puede reclamar la posesión exclusiva del título.

La subclase primera de diápsidos son los lepidosaurios ('lagartos escamosos' en griego). Comprende el orden *Squamata* ('escamoso' en latín), que comprende a su vez los más florecientes reptiles actuales: las serpientes y lagartos.

Otro orden de lepidosaurios, los «rinocéfalos» ('cabezas hocicudas', porque tienen morro saliente en forma de pico), es interesante por una razón completamente distinta; no por lo prolífico, sino por haberse librado de extinguirse por el estrechísimo margen de una sola y rara especie. Nunca fue muy interesante este orden y, salvo dicho único superviviente, desapareció hace unos 70 millones de años. El superviviente que nos queda es un animal de forma de lagarto, de tamaño modesto (sólo 30 pulgadas, lo más, del morro a la punta del rabo). En época reciente se le encontraba aún en las principales islas de Nueva Zelanda; pero ya no. Ahora sólo existe en unos pocos islotes costeros de ese archipiélago, donde lo protegen rigurosas vedas. Su nombre vulgar es tuátera ('espina negra', en maorí indígena, porque, además de las escamas que cubren su cuerpo, tiene una línea de espinas a lo largo del espinazo). Más formal es llamarlo «esfenodón» ('diente en cuña'), que es el nombre de su género.

No obstante su traza, no es un lagarto. Presenta en el cráneo un arco óseo que no tiene lagarto ninguno (primera indicación, para sus primitivos disectores, de que tenían entre manos algo no usual). Los dientes están sujetos de distinto modo que en los lagartos; y tiene, además, en los ojos membranas nictitantes, que poseen los pájaros, pero los lagartos no. Por último, tiene en lo alto del cerebro una glándula pineal especialmente bien desarrollada, muchísimo mejor que en los lagartos. En el esfenodón joven tiene el aspecto anatómico de un tercer ojo, aunque no hay indicios de que sea sensible a la luz.

La segunda subclase de los diápsidos son los arcosaurios ('reptiles dominantes'), y a esa subclase y sólo a ella, como indica el nombre, es a la que pertenecen los dinosaurios.

Claro que podríamos detenernos a preguntar por qué se hacen dos subclases de seres que tienen todos cráneos diápsidos. Bueno, hay otras diferencias. Por una parte, los arcosaurios tienen los dientes insertados en alvéolos, y los lepidosaurios no (con una excepción muy nimia). Esto a un profano le parecerá quizás una diferencia insignificante, pero no lo es. La mejora del poder de la dentadura es tal, que los arcosaurios fueron en una época la más floreciente de todas las subclases reptilianas. Además, una distinción de ésas suele implicar una serie entera de distinciones.

Los arcosaurios más primitivos constituyen el orden *Thecodontia* ('dientes en alvéolos'), y de ellos proceden todos los demás arcosaurios, aunque ellos mismos se extinguieron ha mucho.

Muchos de los tecodontes eran más bien pequeños y adoptaron posición bípeda. Las patas delanteras se redujeron de tamaño, las traseras se agrandaron y fortalecieron y desarrollaron una larga cola para el equilibrio. Venían a parecer reptiles-canguros.

Pero ciertos tecodontes, más pesados y torpes, se vieron obligados a seguir en cuatro patas, y desarrollaron el orden de los *Crocodilia,* supervivientes hasta hoy, como es sabido. Los caimanes y cocodrilos son los únicos reptiles actuales de la subclase *Archosauria,* a la que pertenecían los dinosaurios; y sin embargo los cocodrilos no se consideran dinosaurios, a pesar de ser sus más próximos parientes actuales. Los dinosaurios están restringidos a dos órdenes y sólo a ellos, dentro de la subclase. Los caimanes y cocodrilos están fuera de esos dos órdenes y, por consiguiente, no son dinosaurios.

Más espectacular es otro grupo de descendientes de los tecodontes, que constituyen el orden *Pterosauria* ('lagartos alados'). Ésos eran más ligeros aún; desarrollaron largas y finas membranas, apoyadas en pequeños dedos alargados; hicieron de ellas alas y fueron los únicos reptiles que se entregaron al auténtico vuelo.

Los primitivos pterosaurios tienen largas cabezas con agudos dientes y también largas colas. Los posteriores crecieron, tenían colas mucho más cortas y a veces carecían de dientes por completo. Hace como 150 millones de años surcaba los cielos el mayor de todos los pterosaurios. Era el pteranodón, de unos 20 pies de envergadura y con un cráneo con larga cresta de unos 3 pies de extremo a extremo.

Pero no fueron los pterosaurios los únicos descendientes de los tecodontes que aprendieron el secreto del verdadero vuelo. Otro grupo convirtió sus escamas en plumas. De éstos descendió un grupo de seres tan radicalmente distintos de los demás reptiles en tantas características, que han merecido ser separados en una clase propia: las aves.

Quedan ahora los dos órdenes de arcosaurios, ambos extintos, que comprenden los dinosaurios. Para esquematizar sus relaciones con otros reptiles, he preparado la figura 1, que trata principalmente de la clasificación zoológica, sin interesarse de modo primordial por las líneas del desarrollo evolutivo.

Si estos dos órdenes pudiesen agruparse en uno, ese orden mixto hubiese sin duda conservado el título de Owen *Dinosauria*. Pero un estudio más detenido de esos animales pronto demostró que había que establecer entre ellos importantes diferencias, especialmente en el cinturón pelviano (huesos de la cadera).

Desde que los dinosaurios ancestrales tomaron la posición bípeda de los tecodontes, el cinturón pelviano tuvo que

FIGURA 1. LOS REPTILES

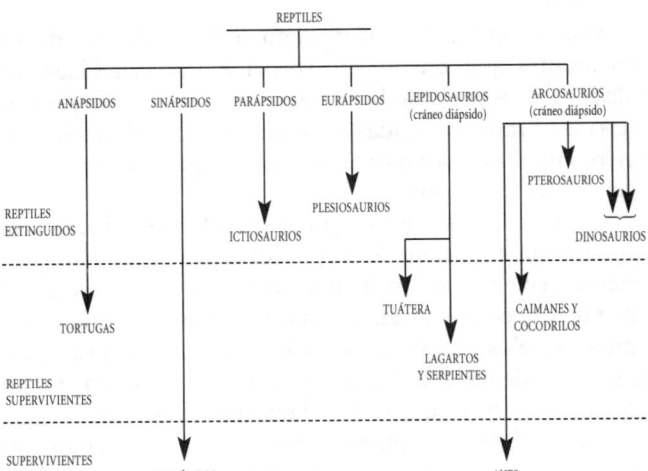

soportar todo el peso del animal. Por tanto, se reforzó y sus tres huesos principales crecieron en el curso de la evolución. El superior del cinturón (el ilio) creció hasta soldarse con el espinazo, formando un armazón de gran fuerza y solidez. Esa fusión es común a ambos órdenes y, por consiguiente, es una importante característica del dinosaurio.

Pero en el cinturón hay otros dos huesos. En algunos dinosaurios, éstos permanecieron bien separados y se situaron casi en ángulo recto. Esto semeja algo la situación en los lagartos vivientes; y todos los dinosaurios que la presentan se incluyen en el orden *Saurischia* ('cadera de lagarto'). En los dinosaurios restantes, los dos huesos inferiores del cinturón pelviano se alinean casi paralela y oblicuamente hacia atrás. Como tal disposición se parece a la de las aves, éstos constituyen el orden *Ornitischia* ('cadera de ave').

Y no es insignificante esta distinción, en términos zoológicos. Tan notoria es que, una vez explicada la diferencia entre ambos cinturones pelvianos, cualquiera puede decir si un dinosaurio pertenece a un grupo o a otro, con una rápida ojeada al esqueleto.

Ése es el motivo de que «dinosaurio» no sea ya término zoológico oficial. Puede hablarse, y se habla con frecuencia, de dinosaurios saurisquios y dinosaurios ornitisquios; pero es más correcto hablar de saurisquios y ornitisquios, omitiendo por completo la palabra dinosaurio.

Primero alcanzaron su apogeo los saurisquios. Se dividen en dos subórdenes: *Theropoda* ('pies de res') y *Sauropoda* ('pies de lagarto'), porque en el número de los huesos del pie los primeros se parecen más que los segundos a los mamíferos.

Más sencillo para distinguir los dos subórdenes es recordar que los terópodos son bípedos y los saurópodos cuadrúpedos.

Los más primitivos terópodos eran, por cierto, muy semejantes a los tecodontes: ligeros y pequeños bípedos, adaptados a la carrera rápida. Eran los *Coelusauria* ('lagartos huecos') de huesos realmente huecos, para aligerar el armazón corporal. Muchos de éstos eran muy pequeños; y uno, el compsognato ('quijada elegante', por lo pequeño y delicado que era), venía a tener sólo el tamaño de un pollo y era el menor de los dinosaurios conocidos.

Sin embargo, las especies manifestaban una tendencia general a hacerse mayores al correr el tiempo, quizá porque la creciente competencia entre los distintos dinosaurios favorecía, cada vez más, a los fuertes. Hacia fines del Cretácico, hace unos 70 millones de años, se habían desarrollado coelusaurios del tamaño de avestruces. Uno de ellos tenía casi exactamente el tamaño y forma de un avestruz, con cabeza pequeña que lucía un pico córneo desdentado, largo cuello y poderosas patas. Aunque tenía antebrazos con dedos prensiles, en vez de alas cortas rudimentarias, y una larga cola en vez de plumas, se le llama *Ornithomimus* ('imitapájaros').

Otra serie de terópodos fueron los «carnosaurios» ('lagartos carnívoros'), llamados así porque lo eran característicamente. En realidad lo eran también los coelusaurios, pero el aspecto físico de los carnosaurios lo hacía resaltar de un modo mucho más horrible.

Los carnosaurios conservaban la posición bípeda, pero en volumen sobrepujaron con mucho a los coelusaurios. Al final del Cretácico alcanzaron su culminación en el tiranosaurio ('lagarto amo'), cuya cabeza, de cuatro pies de larga, iba elevada unos 19 pies sobre el suelo. La longitud total de su cuerpo, del hocico a la punta del rabo, andaría por los 50 pies, pero sus patas delanteras eran minúsculas, no más largas que las de un hombre, y demasiado cortas para servir para nada; ni siquiera llegaban a la boca.

Pero las mandíbulas del tiranosaurio podían arreglárselas sin ayuda; sus múltiples dientes tenían hasta seis pulgadas de largo, y es claro, sólo por el esqueleto, que era el monstruo más alucinante que hizo jamás temblar el suelo. Es el mayor carnívoro terrestre conocido, tan enorme al menos como los mayores elefantes, por otra parte herbívoros.

Los colosales muslos del tiranosaurio muestran claramente que se acercaba a los límites prácticos para la posición bípeda.

Los saurópodos eran animales gigantescos y los más familiares, al parecer, de los dinosaurios. Eran de conformación superelefantina, con largos cuellos por un lado y largas colas por el otro. Parecían en verdad colosales serpientes, que se hubiesen tragado sendos elefantes gigantescos, cuyas patas, como enormes columnas, asomando fuera de las serpientes, marchasen arrastrándolas.

Hay claras señales de la ascendencia bípeda de los saurópodos, aunque marchasen tan pesada y difícilmente en cuatro patas. La mayor parte de las veces, las delanteras quedaban más cortas que las traseras, de modo que el lomo ascendía oblicuamente, alcanzando una cúspide en las caderas.

El más largo de los saurópodos era el «diplodocus» ('doble viga'). Se han encontrado ejemplares que medían cerca de 90 pies, del hocico al extremo de su larga cola, de grosor decreciente. Jamás hubo animales más largos, salvo algunas de las mayores ballenas.

Pero el diplodocus era de conformación esbelta y distaba de ser el dinosaurio de mayor peso. El «brontosaurio» ('lagarto del trueno'), aunque más corto, pesaba más, acaso hasta 35 toneladas.

Más pesado aún era el «braquiosaurio» ('lagarto con brazos'), llamado así porque en el curso de su evolución sus miembros delanteros habían terminado por desarrollarse hasta el punto de superar a los traseros en longitud. Podía pesar hasta 50 toneladas y es el animal terrestre más enorme que ha existido nunca.

Mas es difícil asegurar hasta qué punto está justificado decir «animal terrestre». Es muy probable que los grandes saurópodos, aunque podían caminar pesadamente por la tierra, si era necesario, viviesen de preferencia en ríos y lagos como los actuales hipopótamos, y por los mismos motivos: allí encontraban alimentos y también cierta protección, y el agua les descargaba de sus abrumadores pesos.

Los ornitisquios, el más especializado de ambos grupos, no aparecieron en su propio ser hasta hace unos 150 millones de años, docenas de millones después que los saurisquios estuvieran ya desarrollados en variedad de florecientes formas.

Los ornitisquios eran herbívoros, y sus representantes más pequeños conservaban también la posición bípeda de los primitivos antecesores dinosáuricos, aunque sus miembros anteriores nunca se achicaron tanto como en los bípedos saurisquios.

Eran típicos los dinosaurios de pico de ánade, que desarrollaron una mandíbula ancha y chata, para manejar su dieta vegetal. El mayor de ellos, el «anatosaurio» ('lagarto ánade'), tenía 18 pies de altura. Visto de prisa y de lejos, podía parecerse a un tiranosaurio, pero era completamente inofensivo, como no le pisase a uno o le cayese encima.

La mayor parte de los ornitisquios se protegían contra los carnosaurios desarrollando corazas de una u otra clase. Uno de los más conocidos es el «estegosaurio» ('lagarto con tejado'). Recibe ese nombre porque su esqueleto se encontraba en relación con grandes placas óseas, que al principio se supuso que protegían su espalda como las piezas de un tejado. Estudios más detenidos mostraron que estaban de punta en una doble fila, desde el cuello al arranque de la cola, mientras que la punta de ésta estaba armada de dos pares de largos y agudos espigones óseos.

El estegosaurio presentaba claras muestras de posición bípeda ancestral, pues sus patas delanteras eran poco más de la mitad de largas que las traseras. Su diminuta cabeza contenía sesos no mayores que los de un pollo actual, aunque tenía 30 pies de largo y pesaba más que un elefante. El estegosaurio es el colmo de la escasez de sesos dinosáurica.

Se extinguió a comienzos del Cretácico, probablemente antes de aparecer en escena el tiranosaurio. La famosa escena de la película de Walt Disney *Fantasía,* en la que un tiranosaurio ataca y mata a un estegosaurio, aunque es muy efectista, es muy probablemente anacrónica.

Verdadero contemporáneo del tiranosaurio fue el «anquilosaurio» ('lagarto encorvado'), que se desarrolló después del estegosaurio y fue el animal más fuertemente «blindado» de todos los tiempos. Era un dinosaurio bajo y ancho, difícil de volcar descubriendo su indefenso vientre. Su lomo, del cráneo a la cola, estaba cubierto de macizas placas óseas, que a lo largo de los costados remataban en fuertes espigones. La cola terminaba en un abultamiento óseo, que probablemente tenía fuerza de ariete al golpear. Era un verdadero tanque viviente, y da que pensar lo que sería una lucha entre él y el tiranosaurio.

Finalmente tenemos el «triceratops» ('de tres cuernos'), constituido como un superrinoceronte, y el mejor estudiado de una extensa y variada familia. Su armadura estaba concentrada en la región de la cabeza. Una coraza ósea acanalada, de seis pies de anchura, se extendía desde la cabeza, cubriendo el cuello. La cara llevaba tres cuernos: dos largos y agudos, encima de los ojos, y otro más corto y romo en la nariz. Además la boca estaba dotada de un fuerte pico, como de loro.

Pero vino el fin del Cretácico, hace unos 70 millones de años, y algo ocurrió; no sabemos qué. Todos los dinosaurios que existían entonces, tanto saurisquios como ornitisquios, desaparecieron en un plazo relativamente corto, como de un par de millones de años; y también los imponentes reptiles no dinosaurios, los ictiosaurios, plesiosaurios y pterosaurios; y también algunos espectaculares animales no reptiles, como los invertebrados ammonites.

Para explicar esto ha habido tantas teorías como paleontólogos, y últimamente se ha publicado una, especialmente interesante, que examinaremos en el capítulo siguiente.

FIGURA 2. LOS DINOSAURIOS

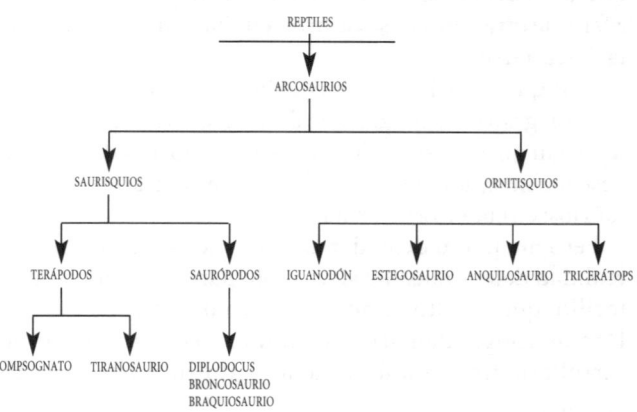

Monstruos agonizantes

Hace unos 30 años escribí un cuento, titulado «Día de los cazadores», en que en forma novelesca presenté una nueva teoría para explicar la repentina muerte de los dinosaurios al final del Cretácico, 70 millones de años ha.

La teoría era simple: a fines del Cretácico, supuse yo, cierto grupo de dinosaurios pequeños habían desarrollado inteligencia; aprendieron a disparar proyectiles y dieron caza a todos los demás dinosaurios, hasta extirparlos. Entonces, a falta de otras presas, se cazaron también unos a otros, hasta descastarse.

¿Por qué no habría restos de dinosaurios inteligentes, o sea, con gran capacidad craneal? Veréis. Los seres inteligentes dejan pocos fósiles. Fijaos qué pocos fósiles de primates descubrimos, aun siendo mucho más recientes que los dinosaurios; en cuanto a las armas...

Pero no quiero defender ahora mi tesis, que no creo en realidad defendible. Me sirvió sólo para escribir un cuentecillo, que resultó lo que el crítico de ficción científica Damon Knight llamaría «Asimov en pequeño», y que desarrollaría una moral no demasiado sutil para nuestra época.

Pero el problema subsiste. ¿Qué descastó a los dinosaurios? Durante 150 millones de años, una asombrosa colección de enormes especies reptilianas habían dominado las formas de vida terrestre. (Los llamaré dinosaurios en este artículo, aunque, como expliqué en el anterior, el término es impropio.) En ese período de 150 millones de años, desde hace 220 millones hasta hace 70 milones, se extinguieron especies sueltas de dinosaurios, unas veces sin dejar descendencia, que sepamos; otras veces habiéndose ramificado en otras especies, que en cierto modo las sustituyeron. En otras ocasiones una especie se extinguía en el sentido de sufrir lentos cambios, que la transformaban en una especie nueva o en varias.

Mas hace unos 70 millones de años, súbitamente, como en un par de millones de años, todas las restantes especies de dinosaurios quedaron extinguidas, sin dejar descendencia.

Hace 150 años eso parecía fácil de explicar, porque en aquellos tiempos era popular entre los biólogos la doctrina del «catastrofismo». En aquella época en que la Biblia era reverenciada como verdad literal, los biólogos tenían que compaginar los crecientes testimonios en favor de una tierra y unos seres fósiles, ambos de muchos millones de años de antigüedad, con el relato bíblico, que parecía indicar que la tierra y la vida habían sido creadas hace no más de 6.000 años.

Una posible solución se encontró en el diluvio. Un naturalista suizo, Charles Bonnet, sugirió en 1770 que los fósiles eran restos de especies extinguidas, que habían sido descastadas por uno de los cataclismos mundiales, en cuya serie el diluvio bíblico fue sólo el más reciente. Después de cada cataclismo, la vida comenzaba de nuevo; y la verdad bíblica quedaba a salvo, diciendo que sólo narraba la más reciente de varias distintas creaciones.

El representante más insigne de ese catastrofismo fue el naturalista francés Georges Cuvier, que en los primeros decenios del siglo XIX fue el primero en estudiar fósiles. Comparando con gran ingenio sus anatomías, mostró que podían ordenarse de una manera lógica y encajarse en grupos aún inexistentes. A posteriori es patente que su obra estaba clamando a voz en grito «¡evolución!».

Pero Cuvier no admitía explicaciones evolucionistas. En vez de ello, localizó exactamente cuatro épocas del registro de los fósiles, en que aparecían vacíos, y los consideró como otros tantos ejemplos de catástrofes de Bonnet.

¡Lástima de explicación! Fueron descubriéndose más y más fósiles, y precisándose con más y más claridad su orden en el tiempo, y desaparecieron todos los vacíos. Desde las primeras huellas fósiles, marcadas, como sabemos ahora, hace 600 millones de años, hasta hoy, no ha existido instante en que hayan cesado todas las formas de vida. La vida fue creada una vez sólo.

En realidad, hay hoy mismo especies vivas y florecientes, que vienen existiendo casi sin cambio, desde antes de la época de los dinosaurios. Un ejemplo es el límulo: lleva 300 millones de años sin cambiar gran cosa.

Mas ha habido épocas en la historia de la vida en que muchísimas especies dejaron «súbitamente» de existir, mientras que otras muchísimas siguieron su normal evolución; y eso es difícil de explicar.

Una catástrofe parcial debió de ocurrir hace 70 millones de años. Sucedió algo que descastó muchas especies en una amplia variedad de hábitats: –los pterosaurios en el aire, los ictiosaurios en el mar y los torpes dinosaurios de tierra, dejando en cambio intactas otras especies. Los primitivos antecesores de los pájaros y de los mamíferos sobrevivieron al final del Cretácico; y también los antecesores de los reptiles que siguen hoy viviendo, aun los cocodrilos ancestrales, parientes no muy lejanos de los dinosaurios. Y la vida vegetal atravesó prácticamente intacta la línea divisoria de finales del Cretácico.

Nadie sabe cuál será la solución, pero ha habido numerosas especulaciones interesantes sobre el asunto.

Podría, por ejemplo, tratarse de un cambio de clima. Los dinosaurios podían estar adaptados a un mundo benigno, de tierras llanas y mares no profundos, con pocas oscilaciones estacionales. Vino después un período de formación de montañas; las tierras se irguieron y plegaron; el mar se ahondó y enfrió; las estaciones aumentaron en rigor, y los dinosaurios sucumbieron.

No me convence esto nada, al menos como explicación única. No iba a quedar climáticamente insoportable toda la tierra. Al empeorar las condiciones, algunos seres hubiesen logrado acomodarse a ciertos ambientes restringidos. Los pinos gigantes se adaptan a territorios de California; el tuátera a sus islotes junto a Nueva Zelanda. Indudablemente habrían tenido que quedar fajas pantanosas benignas, en que al menos algunos de los dinosaurios menores hubiesen podido defenderse, en todo caso algún tiempo.

¿Y podrían matar a los ictiosaurios simples cambios de clima, en la relativamente inafectada inmediación del mar?

¿O sería acaso el ambiente vivo el responsable? Los pequeños protomamíferos de forrada piel, escabulléndose entre la maleza, para evitar en lo posible ser vistos por sus prepotentes enemigos, podrían no obstante estar hartos de huevos de dinosaurios, abandonados sin vigilancia por los estúpidos padres.

Y los mamíferos podrían terminar por comerse bastantes huevos, para obstruir las generaciones, y encontrarse una mañana con que habían desaparecido los reptiles. Sería una historia en cierto modo dramática, y a más no poder de nuestro gusto, ya que quedamos como héroes los mamíferos, si cabe llamar héroes a unos furtivos devoradores de huevos.

Pero claro que hay dificultades. Cuando el Cretácico se acercaba a su fin, llevaban un millón de años existiendo mamíferos primitivos. Habría que suponer que de repente crecieron en número y empezaron a cobrar un abrumador tributo de huevos de dinosaurio. O bien podemos suponer que surgieron nuevas especies que preferían esos huevos, dejando respetuosamente intactos los de cocodrilos primitivos, lagartos, serpientes y tortugas.

Y a propósito, ¿cómo llegaban esos mamíferos a los huevos del ictiosaurio, que paría vivas sus crías y, por añadidura, en el mar?

Mas ¿nunca habéis visto ir cayendo sucesivamente una fila de fichas de dominó? Pues análoga interdependencia presentan los seres vivos. ¿Por qué imaginar un suceso que afectase por igual a cada una de las especies extinguidas? Acaso sólo resultasen afectadas relativamente pocas especies; y cuando ésas empezaron a extinguirse, irían desapareciendo también otras que dependiesen de ellas, para alimentarse o para otras necesidades; y ésas, a su vez, determinarían la extinción de otras hasta dejar segada una vasta extensión del campo de la vida.

Esto tiene que estar sucediendo siempre y es fácil verlo hoy como una amenaza. Si desapareciesen los eucaliptos, tendrían que desaparecer también los coalas, pues no comen más que hojas de eucalipto. Si se descartasen de repente las cebras, los leones africanos decrecerían drásticamente en número. Ni siquiera tiene que ser cuestión de alimento; suprimid las abejas y numerosas especies vegetales, que dependen de ellas para la polinización cruzada, quedarán suprimidas también.

Algo semejante puede haber sucedido a fines del Cretácico. Se extinguió un grupo de especies que formaban parte de una trama vital singularmente apretada, y con ellas cedió el resto de la tela.

¿Pero cuál habrá sido el agente desencadenante?

¿Habrá matado algunas especies una variación climática, derribando así la primera ficha de dominó? ¿Eliminaría *al-*

gunas especies un grupo de mamíferos comedores de huevos? ¿Fue acaso la aparición de nuevos virus o bacterias lo que descastó ciertas especies en una gran epidemia?

O ¿sería, por el contrario, como han sugerido algunos, una evolución vegetal? ¿Se deberán estas extinciones al desarrollo de hierbas precursoras de las actuales, que son duras y correosas y destruyen aun los molares, altamente adaptados, del caballo moderno? Los dinosaurios herbívoros, acostumbrados a pasto más blando y suculento (y con dientes a propósito), empezarían quizá a decaer al extenderse, cada vez más, las hierbas actuales, a expensas de las primitivas especies. Y al desaparecer los herbívoros, tuvieron que sucumbir también los carnívoros que se alimentaban de ellos.

Sólo nos falta precisar el mecanismo concreto que derribó la primera ficha de dominó, y hasta ahora nadie ha sabido hacerlo. Hay demasiadas posibilidades para escoger, y no disponemos de pruebas efectivas en que basar la elección.

Claro que aún nos falta considerar otras posibilidades. Hasta ahora sólo he mencionado causas de ocurrencia única o, de ser periódicas, imposibles de predecir. Pues, ¿cuándo habrá otro cambio verdaderamente radical del clima? ¿Cuándo sobrevendrá una nueva epidemia? ¿Cuándo volverá a existir lo equivalente a animales consumidores de huevos, o a plantas que comprometan las dentaduras de nuestros ganados?

Puestos a ser lúgubres, es mucho más interesante especular sobre la posibilidad de ocasiones periódicas, razonablemente predecibles, en que se producirían grandes aniquilamientos. Pues en el «archivo de los fósiles» encontramos señales patentes de sucesos periódicos de esa clase, y si el de fines del Cretácico es el más espectacular, se debe sólo a que es uno de los más recientes y que tiene mejor conservados sus testimonios fósiles. Hubo otro gran aniquilamiento aún más reciente, de mamíferos enormes, hace sólo un par de millones de años. (Nótese que, al especular sobre esos grandes aniquilamientos periódicos, le damos a la rueda de la ciencia un giro completo, y volvemos a algo un tanto semejante al catastrofismo de Cuvier. En la ciencia eso es frecuente.)

Pensemos, pues, qué causas podrían desencadenar un efecto periódico que, a intervalos más o menos fijos, sometiese a las formas de la vida a enormes tensiones, extirpándolas con una especie de ciega crueldad.

Se ha sugerido a veces que las especies tienen como una vida media natural; que ellas, como los individuos, tienen una lozana juventud, una robusta madurez, una vejez decadente y al cabo una muerte senil. Acaso los grandes aniquilamientos sobrevienen cuando, por azar, las vidas de un gran número de especies alcanzan simultáneamente su fin.

En realidad no hay prueba ninguna de que las especies envejezcan en igual sentido que los individuos; pero podemos llamar las cosas de otro modo. No hablemos de senilidad y vida media; hablemos de mutaciones.

Todas las especies están continuamente sujetas a mutaciones y en toda generación surgen individuos «mutados». En la inmensa mayoría de los casos esas mutaciones degeneran y las formas mutadas sobreviven peor que las normales. Pero si hay suficientes mutaciones y las formas mutadas constituyen suficiente carga para la especie en conjunto, ésta puede debilitarse hasta el extremo de sucumbir a sus enemigos. En ese sentido puede considerarse que la especie se hace senil.

Además ciertas especies pueden manifestar tendencia a ciertos tipos de mutaciones desastrosas. Será más probable que esto ocurra cuando los seres estén tan especializados que resulten supersensitivos a los cambios del ambiente o de su propia fisiología. Un ser con una armadura perfecta o una estructura demasiado desequilibrada puede quedar fuera de lo práctico con un cambio pequeño.

El hombre mismo no es inmune. Tenemos un mecanismo extraordinariamente complicado, en muchas etapas, de coagulación sanguínea. Nuestra sangre se coagula con notable eficiencia, pero esas complicaciones implican una alta proporción de fallos, puesto que son muchas las etapas que pueden fallar. En cada generación humana ocurren un número apreciable de mutaciones que comprenden alguna imperfección del mecanismo coagulante. Los «hemorrágicos» que resultan no pueden vivir mucho sin medidas heroicas.

Además la especie humana ha desarrollado una cabeza enorme para alojar nuestros gigantescos sesos. La pelvis femenina apenas deja pasar ese tamaño, y nacen niños de cráneo excesivamente grande, que salen con estrechez por la abertura pelviana y eso a costa de deformaciones del cráneo, aún flexible. De varios modos, pues, el *homo sapiens* está al borde mismo del desastre, y no puede arrostrar un aumento del ritmo de mutación.

Supongamos que ese aumento se produce en muchos seres. Si una especie, o grupos de ellas, están tan bien equilibradas que hay relativamente pocas probables mutaciones que puedan resultar mortales, resistirán bastante bien ese aumento. En cambio, si una especie es de algún modo propensa al desastre, un repentino aumento de la frecuencia de mutación puede sin más eliminarla.

Si las causas que hacen aumentar la frecuencia de mutación son pasajeras, sólo desaparecerán ciertas especies vulnerables, mientras que las menos vulnerables podrán subsistir, aunque algo disminuidas y transformadas.

Quizás todos los dinosaurios compartiesen algo que los hiciera especialmente vulnerables a los estragos de ciertas mutaciones. Acaso todos desaparecieran, directamente o como partes de la cadena vital, cuando aumentaron las mutaciones al final del Cretácico. Los que sobrevivieron, incluidos nuestros antecesores, fue sólo porque eran menos vulnerables.

Y acaso queden por venir otros períodos de mutaciones más frecuentes; y quizá en el juego de la competencia evolutiva no figuremos siempre nosotros entre los ganadores.

Pero ¿qué es lo que ocurre para que aumente el ritmo de mutación?

Una respuesta que acude a la mente es la radiación. La tierra es bombardeada por rayos duros de diverso origen. Tenemos, en primer lugar, la radiactividad de la corteza misma; pero no hay motivo para que esa radiactividad sufra aumento súbito en ciertas épocas. En realidad, el único cambio que puede experimentar, que nosotros sepamos, es una disminución lenta y continua.

Mas, ¿y la radiación que bombardea la tierra desde el espacio exterior, la del sol y los rayos cósmicos desde más allá del sistema solar?

Mucha de esa radiación es absorbida por la atmósfera antes de alcanzar la superficie terrestre; y mucha, al menos la componente con carga eléctrica, es desviada por el campo magnético terrestre. Como resultado de esa desviación, está rodeada la tierra de zonas en que las partículas cargadas, en grandes concentraciones, saltan de un lado a otro a lo largo de las líneas de fuerza magnéticas (cinturones de Van Allen) y se filtran a la atmósfera superior en las regiones polares para formar las auroras.

Claro que si se anulase el campo magnético terrestre, las partículas cargadas, incluso las de los rayos cósmicos, ya no serían desviadas y llegarían más de ellas a la superficie terrestre. Eso elevaría el nivel de radiación y con ello la frecuencia de las mutaciones.

¿Pero podrá anularse el campo magnético terrestre?

¡Posiblemente! Comparémoslo con el solar. Las manchas presentan, como sabemos, un ciclo de 11 años; es decir, que el número de manchas solares crece primero, alcanza un máximo, luego cae en un mínimo que es casi nulo, vuelve a crecer, etcétera. El intervalo medio entre dos máximos equivale a 11 años, aunque los intervalos reales han variado entre 7 y 17 años.

Las manchas solares están asociadas con campos magnéticos, cuya orientación es opuesta en los dos hemisferios solares. Si las manchas del hemisferio norte tienen el Polo Norte magnético arriba, por decirlo así, las del hemisferio meridional tienen arriba el Polo Sur. En el siguiente ciclo se invierte la situación: las manchas del hemisferio norte tienen arriba el Polo Sur magnético, y las del hemisferio sur lo contrario. Para restablecer magnéticamente, y no sólo numéricamente, el ciclo de las manchas, hay que esperar 22 años.

No es seguro que esto signifique que el campo magnético general del sol invierta periódicamente su polaridad, de modo que cada 11 años el Polo Norte magnético del sol pase a ser Polo Sur y viceversa. Si eso ocurre, no hay que creer que el eje magnético gira de repente, dando una vuelta. Lo probable es que todo el campo magnético se debilite y anule, y luego empiece a reforzarse de nuevo, con opuesto sentido, coincidiendo los mínimos de manchas con la anulación del campo. Por qué sucede eso, si es que sucede, nadie lo sabe.

¿Podrá pasarle lo mismo al campo magnético terrestre, mucho menor? Veréis: hay indicios en las rocas, por ejemplo en la orientación de los minerales imanados, de que ha habido períodos en la historia terrestre en que el Polo Sur magnético estaba donde ahora está el Norte, y viceversa. Se presume que esto sucede porque el campo magnético terrestre va debilitándose hasta anularse, y luego se refuerza en sentido inverso.

Es un hecho que el campo magnético terrestre parece estar debilitándose durante los siglos que llevamos observándolo. Los geofísicos norteamericanos Keith McDonald y Robert Gunst indican que desde 1670 ha perdido el 15 por ciento de su fuerza y, al ritmo presente de decrecimiento, se anularía hacia el año 4000. Entre el 3500 y el 4500 ya no tendría fuerza bastante para desviar sensiblemente las partículas cargadas.

Claro que nosotros no viviremos para verlo, pero 2.000 años no son plazo largo, ni en términos de la civilización humana; y no digamos en términos de las eras geológicas. Y la cosa no es para encogerse de hombros.

Es mucha lástima, porque parece bastante mala suerte nuestra estar tan próximos a la inversión del campo. La última inversión, de lo que podemos colegir por las rocas, parece haber ocurrido hace nada menos que 700.000 años.

¿Qué sucederá cuando el campo magnético se anule? Quizá hacia el 3500 estemos en condiciones tecnológicas de resguardar la tierra artificialmente, pero supongamos que no. ¿Aumentará el ritmo de mutación, en los milenios sin protección magnética, hasta matar las especies inestables o «seniles»? ¿Estaremos nosotros entre ellas? ¿Se acerca el día del Juicio?

Acaso no. Después de todo, hace 700.000 años, cuando quizá se invirtió el campo magnético, no hubo ningún «aniquilamiento grande» entre los homínidos antecesores del hombre. Hasta acaso podría haberles favorecido un aumento de la frecuencia de mutación. Al menos el cerebro humano aumentó en volumen con rapidez explosiva, comparada con los ritmos de evolución corrientes; y se podría pensar que ello fue consecuencia de un número inusitado de afortunadas mutaciones.

Además yo he visto cálculos que demostraban que, aunque no existiese el menor campo magnético, ni desviación de las partículas cargadas, el nivel de radiación en la superficie terrestre no se elevaría lo bastante para acelerar la mutación en proporciones peligrosas.

Ataquemos el problema por otro lado. Olvidad, por ahora, el escudo magnético terrestre y pensad si la radiación bombardeante podrá intensificarse considerablemente en su origen. El sol emite de ordinario rayos X desde su corona, y en ocasiones añade alguna gigantesca fulguración, con chorros de rayos cósmicos blandos. La cantidad de esas radiaciones es demasiado pequeña para perjudicar a la vida, pero ¿y si súbitamente experimentasen un aumento desmesurado de intensidad?

No es probable. Es difícil que el sol sufra los cambios precisos para resultar un emisor mucho más activo de rayos X, sin emitir también mucha más radiación ultravioleta y luz visible, y el sol no hace tales cosas. Según todo lo que sabemos (o creemos saber) del sol y de las estrellas en general, y lo que se deduce del «archivo de los fósiles», no hay que contar con un sol tornadizo. Nuestra vieja y excelente calefacción solar es de toda confianza y no se le notan cambios hace eones.

¿Y los rayos cósmicos de fuentes no solares? Son las únicas radiaciones duras no solares, de importancia, que recibimos.

Recientemente K. D. Terry, de la Universidad de Kansas, y W. H. Tucker, de la Rice, han examinado los posibles efectos de que algunas estrellas pasen a supernovas cerca de nuestro sistema solar.

Han indicado que una buena supernova grande, tipo II (que supone la explosión casi total de una estrella de masa diez veces mayor que la solar), desprendería hasta 2×10^{51} ergios de energía, sólo en forma de rayos cósmicos, emitida toda ella en un período de unos pocos días a lo sumo.

Supongamos que esta energía en rayos cósmicos se libera en el plazo de una semana. Equivaldría entonces como a *un billón de veces la energía total liberada por el sol en esa semana.*

¿Qué parte de esa energía llegaría a nosotros? Si esa supernova distase de nosotros 16 años luz, la radiación cósmica que nos alcanzaría desde tan enorme distancia equivaldría aún a la radiación solar íntegra en esa semana. Sin remedio, eso nos freiría literalmente a todos.

Sin embargo, hay muy pocas estrellas de todas clases que hoy estén sólo a 16 años luz de nosotros; y de ellas, ninguna tiene bastante masa para dar origen al tipo más fuerte de supernova. La única estrella cercana que podría de verdad convertirse en supernova sería Sirio, y para eso resultaría más bien floja.

Pero no hace falta que nos friésemos del todo. Consideremos las explosiones de supernovas que ocurren a grandes distancias y nos bañan en concentraciones menores de rayos cósmicos. Éstas pueden, así y todo, ser suficientes para producir perjuicios, y lejos caben muchas más supernovas que cerca. El espacio crece como el cubo de la distancia y hasta 200 años luz caben dos mil veces más supernovas que hasta 16.

Terry y Tucker indican que la dosis actual de rayos cósmicos que alcanza la alta atmósfera es de unos 0,03 roentgens al año, muy poco, ciertamente. Pero juzgando por la frecuencia de supernovas y sus situaciones y tamaños fortuitos, calculan que la tierra podría recibir por explosión de supernovas una dosis concentrada de 200 roentgens, cada 10 millones de años, por término medio aproximado; y dosis mayores en intervalos de correspondiente amplitud. En los 600 millones que abarca el «archivo de los fósiles», hay una razonable probabilidad de que nos haya alcanzado al menos ¡un rayo de 25.000 roentgens! Quizá, pues, los grandes aniquilamientos periódicos de la historia de la vida revelen explosiones de grandes estrellas, a pocos siglos de luz de nuestro sistema solar.

Y acaso será peor el efecto, cuando una tal formidable explosión dé en acontecer precisamente estando a punto de invertirse el campo magnético terrestre, y la superficie, indefensa, soporte los plenos estragos de la «sartén» de rayos cósmicos. Al fin nuestro campo magnético es ahora débil, muy inferior el máximo. Habrá acaso ocasiones en que ni aun dosis algo fuertes de rayos cósmicos producirán perjuicio; pero ahora sí, y hacia el 3500 lo producirán aún mayor. Una supernova que hace 300.000 años no hubiese afectado a la tierra ahora podría dejarnos muy maltrechos.

Así, pues, si encontramos indicios en las rocas de que hace unos 70 millones de años hubo una inversión del campo magnético terrestre, y los encontramos en el cielo de que hubo entonces una supernova espectacular en nuestras cercanías; y si quedase bien establecida la simultaneidad de ambos sucesos, estaría yo muy tentado a no buscar otras causas de la muerte de los dinosaurios.

¿Y qué diríamos de nuestros descendientes, no demasiado remotos? ¿Deberemos temer que estén amenazados de perdición? ¿Y si durante el milenio que dura la falta virtual de protección estalla Sirio a supernova, o lo hace una estrella mayor, aunque más lejana?

La probabilidad es sumamente pequeña. Que nosotros sepamos, a varios siglos de luz no hay ninguna estrella lo bastante avanzada en su desarrollo evolutivo para que sea de temer su explosión a supernova; pero tampoco sabemos cuanto hay que saber sobre las causas y el momento de tales explosiones.

Mas la posibilidad existe. La radiación cósmica incidente puede crecer lo bastante para producir un aniquilamiento, pequeño o grande; y nada le asegura inmunidad al *homo sapiens* si eso llega a ocurrir.

Y si nosotros perecemos y los cocodrilos y lagartos sobreviven, ¿no será como si los reptiles «se riesen los últimos» a nuestra costa?

Contando cromosomas

Yo estoy chapado a la antigua, qué le vamos a hacer. No uso drogas para expandir mi fantasía, no tengo secretas ansias de «psicodelismo», no fumo «hierba» (nombre técnico de la marihuana); en verdad ni siquiera bebo alcohol ni fumo tabaco; llevo cabello y patillas bastante cortas; no uso barba ni bigote; visto limpia y convencionalmente (alguna vez con desaliño) y hablo el inglés con razonable corrección.

Pero hago todo esto por cuestión de gusto personal y sin convicciones morales profundas. No opongo la menor objeción a las excentricidades de otros, con tal de que respeten las mías, y que esas excentricidades no perjudiquen a nadie más que a los excéntricos.

Por eso salto a la defensa de los «peludos», contra mis camaradas los «chapados a la antigua». En mis tiempos publiqué breves ensayos, haciendo notar que los que critican el pelo largo en los chicos, «porque les hace parecer muchachas», deberían criticar con idéntico motivo la costumbre de afeitarse. Mas, lejos de ello, suelen criticar también las barbas, lo cual reduce a contrasentido la lógica de que pretenden revestir sus prejuicios.

En verdad me parece que todo ese empeño de distinguir los sexos a primera vista es exagerado. ¿Qué necesidad hay de ello, si uno no tiene interés personal por determinado individuo? Yo suelo citar «La pulga», de Roland Young:

> Al ver la alegre pulga saltarina
> si es dama o es galán no se adivina.
> Pero por mucho que ambos se asemejan
> ellos bien se distinguen y cortejan.

Por eso me enteré con disgusto de que distinguir un chico de una muchacha puede ser, en verdad, importante y de ningún modo sencillo. En otoño de 1967 una atleta polaca fue reconocida por los médicos. Su cuerpo desnudo era netamente femenino, pero exámenes más sutiles pusieron en duda su feminidad. Al parecer, salía mal la cuenta cromosómica.

Pero ¿qué son esos cromosomas, que pueden contradecir así el testimonio de nuestra vista, en materia tan vital, saliéndose con la suya? Pues, como ya habréis adivinado, voy a explicároslo con todo detalle.

Los cromosomas son como diminutas varitas flexibles, dentro de nuestras células, visibles sólo al microscopio. En una pulgada de longitud caben entre cinco y diez mil puestos en fila.

Aun con microscopio son difíciles de ver en la célula viva. Como el resto de la célula, son traslúcidos: la luz los atraviesa con facilidad. Durante siglo y medio los microscopistas estudiaron las células sin ver los cromosomas.

Pero hace un siglo comenzaron los biólogos a tratar las células con algunos nuevos colorantes que los químicos estaban empezando a sintetizar. Las distintas partes de una célula tienen diferentes composiciones químicas; por eso unas absorben ciertos colorantes y otras no. Tratada así una célula, empieza a revelársenos su estructura interna en espléndido tecnicolor.

En 1880 el biólogo alemán Walter Flemming estaba usando un tinte rojo que se adhería sólo a ciertos trozos, dentro del núcleo celular. (Este núcleo es un corpúsculo situado en la célula, en posición más o menos central. Pronto se había descubierto que gobernaba el proceso de dividirse en dos una célula, fenómeno clave en el crecimiento y desarrollo.) Flemming llamó a los trozos de materia nuclear coloreados «cromatina», de una palabra griega que significa 'color'.

Flemming estaba empeñado en averiguar si la cromatina tenía algo que ver con el gobierno de la división celular por el núcleo. Desgraciadamente, la cromatina sólo era visible teñida por el colorante y éste mataba a las células.

Lo que hizo, pues, fue estudiar finos cortes de tejidos en rápido crecimiento, en los cuales había células en todas las fases de la división. Tiñó todos los cortes y sorprendió a la cromatina en todas las etapas del proceso. Ordenando debidamente esas distintas etapas, logró desentrañar los detalles de la marcha del proceso. (Fue como quien coge una serie de fotos instantáneas desordenadas, las pone por orden y luego las proyecta sucesivamente como una película.)

Se observó que cuando una célula se preparaba para dividirse, la cromatina se apelotonaba en una especie de revoltijo, formado por pedazos cortos como de fideos gruesos cocidos. Pronto esos pedazos recibieron el nombre de «cromosomas» («cuerpos coloreados»). En el momento crítico de la división, los cromosomas se separan en dos grupos iguales, que van a parar a extremos opuestos de la célula. Ésta se parte entonces por la mitad y resultan dos nuevas «células hijas», que tienen cada una su provisión de cromosomas. Terminada la división, los cromosomas de cada célula hija vuelven a partirse en trozos de cromatina.

Ulteriores estudios demostraron que cada especie viva contiene el mismo número de cromosomas en cada una de sus células (con una única excepción que luego explicaremos).

No siempre es fácil saber qué número es ése, pues los cromosomas se juntan y enredan unos con otros, y cuando hay muchos, es difícil decir dónde termina uno y dónde empieza otro distinto. Los mejores intentos de contar los cromosomas de las células humanas parecían dar al principio 48 cromosomas; pero en 1956, un cómputo más concienzudo dio sólo 46.

Ahora resulta bastante sencillo contar los cromosomas. Se tratan las células con un reactivo que detiene en seco la división celular, en el instante justo en que los cromosomas están definidos con mayor precisión. Esas células sorprendidas en plena división se tratan después con una solución salina débil, que hace que los cromosomas sueltos se hinchen y separen. Entonces pueden contarse con muy poco esfuerzo; y en las células humanas el número correcto es de 46 cromosomas.

Pero surge aquí una duda. ¿Cómo pueden tener 46 cromosomas todas las células humanas, si al partirse la célula los cromosomas se separan en dos grupos iguales? ¿No debería tener sólo 23 cada célula nueva? Y tras la división siguiente, ¿no serían aún menos los cromosomas?

¡No! Pues precisamente antes de dividirse la célula, se duplica el número de sus cromosomas. Por un momento, la célula que va a dividirse tiene 92; y tras la división, cada nueva célula tiene la mitad justa de ese número duplicado: los 46 normales. Esto ocurre en cada división celular; así que, con la excepción aludida, los cromosomas siguen siendo 46, por muchas veces que las células se dividan y repartan su contenido cromosómico.

La intervención de los cromosomas en la división celular está, desde luego, perfectamente definida. Los cromosomas jamás se agrupan de modo confuso. La cromatina se condensa formando cromosomas de forma y tamaño específicos, y siempre se forman por partes. Las células humanas contienen 23 pares de cromosomas; éstos han sido cuidadosamente numerados de 1 a 22 por orden de longitud decreciente, quedando aparte el 23, como caso especial.

En mitad del proceso de división celular, cada par de cromosomas origina la formación de otro par exactamente igual a él, produciendo una réplica de sí mismo. Ese proceso se llama «reduplicación». Después de ella, quedan presentes dos equipos completos de cromosomas; y al partirse la célula, los cromosomas se separan de manera que si un cierto par avanza en un sentido, su réplica avanza en el opuesto. Cada célula nueva termina con un equipo completo de cromosomas, una pareja de cada una de los 23, sin faltar ni sobrar ninguna.

Esa minuciosa división es necesaria, pues cada cromosoma está formado de un cordón de genes (miles de ellos) y cada gen dirige la formación de una determinada molécula de enzima, que dirige, a su vez, una determinada reacción química que se verifica en la célula.

Los cromosomas son, por tanto, los «ingenieros químicos» de la célula; llevan, por así decirlo, sus instrucciones. Cuanto hace o puede hacer una célula está posibilitado por la índole especial de su provisión de enzimas, la cual es dictada por sus cromosomas. Es, por tanto, importante que cada célula del cuerpo reciba la serie cabal de pares de cromosomas para que posea las instrucciones precisas para el cumplimiento de su cometido.

Esas instrucciones son básicamente las mismas para todas las células, pero están modificadas, en cierto modo, de suerte que en un sitio se producen células de hígado, células cerebrales en otro, de piel en un tercero, etc., con muy diferentes funciones y capacidades. Pero el modo de modificarse las instrucciones cromosómicas es aún un misterio biológico.

El proceso de reduplicación transmite con precisión cromosomas, de célula a célula, dentro del cuerpo. Pero, ¿cómo se transmiten de padres a hijos? ¿Cómo se inicia un nuevo cuerpo, con instrucciones cromosómicas adecuadas?

Eso se realiza por medio de las células sexuales. La hembra produce óvulos y el macho espermatozoides. Unos y otros se distinguen de todas las demás células por contener sólo media serie de cromosomas: uno sólo de cada pareja. (Ésa era la excepción indicada a la regla de que todas las células humanas tienen igual número de cromosomas.) En una cierta fase de la formación de células sexuales ocurre un reparto de cromosomas sin previa réplica. Las 23 parejas se desdoblan sencillamente: un elemento de cada par a un lado y el otro al opuesto.

El óvulo es muchísimo mayor que el insignificantemente pequeño espermatozoide, de forma de renacuajo; pero eso no debe herir el amor propio, siempre hipersensible, del macho. El óvulo es grande, porque además de sus cromosomas contiene una considerable provisión de alimentos. El espermatozoide sólo lleva cromosomas. En cuestión de instrucciones, no son distintas las dos células sexuales.

Las producidas por un determinado individuo no son todas semejantes. Cada pareja de cromosomas puede parecerse a todas las demás parejas, pero los dos cromosomas de la pareja no son *exactamente* iguales. (En otros términos, «A a» puede ser como «A a»; pero «A» no es como «a».) Los dos cromosomas de una pareja pueden ser gemelos en cuanto al tamaño y forma; pero la estructura molecular de los genes que contienen puede presentar diferencias importantes.

Una determinada célula sexual puede sacar cromosomas «A» del par primero, o puede sacar cromosomas «a». De la segunda pareja puede sacar cromosomas «B» o cromosomas «b», etc. El número de combinaciones distintas que pueden formarse tomando al azar un elemento de cada una de las 23 parejas se calcula multiplicando entre sí veintitrés factores 2. Resulta $2^{23} = 8.388.608$.

La variedad es mayor aún, pues a veces pueden arrollarse el uno al otro los elementos de una pareja y cambiar trozos de mil diferentes maneras. Una célula sexual puede tener un cromosoma que sea predominantemente «A», pero un poco «a». Y también es posible que determinado gen de un cromosoma sufra un cambio, aun mientras forma parte de una célula viva.

Hay tantas posibilidades de variación en el modelo cromosómico recibido por cada célula sexual que es bastante posible que cada célula sexual producida por un cierto individuo tenga una serie de instrucciones cromosómicas, ligeramente distintas a las demás.

Un nuevo individio se produce sólo cuando un espermatozoide del padre se combina con un óvulo de la madre, produciendo un huevo fertilizado. A consecuencia de tal unión de células sexuales, el huevo fertilizado tiene ya una serie completa de cromosomas: 23 pares, cada uno con un elemento del padre y otro de la madre.

Las posibilidades de combinación de espermatozoide con óvulo barajan fortuitamente los genes de dos diferentes individuos para producir un nuevo ser con una serie totalmente nueva de instrucciones cromosómicas, distinta de las de ambos progenitores. Dadas las posibilidades de variación entre las células sexuales de cada padre, parece bien seguro que cada uno de los 60.000 millones de humanos, que se calcula que han vivido desde el comienzo de los tiempos, fue apreciablemente distinto a todos los demás; y que igual seguirá sucediendo en el ilimitado futuro. (Se exceptúan los mellizos y trillizos idénticos, que proceden de un solo huevo fertilizado, que por algún motivo se dividió en dos o más células idénticas, que se desarrollaron después independientemente.)

Esos incesantes cambios de instrucciones, de generación a generación, al clasificarse y recombinarse los cromosomas son, en realidad, el probable fundamento biológico del valor del sexo. Al cabo, cabe también reproducción asexual: un solo padre engendra descendientes sin ayuda. Así lo hacen ciertos grupos de especies. Pero cuando contribuyen dos progenitores a formar un nuevo individuo, al barajarse los cromosomas, se introducen nuevas variaciones en una escala de otro modo imposible. La flexibilidad y versatilidad de una especie aumenta incalculablemente, y puede evolucionar mucho más deprisa para adaptarse a condiciones variables. Por eso el sexo ha reemplazado por completo a lo asexual, salvo en los seres más primitivos (y yo por mi parte me alegro).

En el momento de la fertilización (unión del espermatozoide con el óvulo) cobra importancia el vigesimotercer par de cromosomas. Es el único que no precisa ser un verdadero par en el aspecto externo. En la hembra sí, pues consta de dos cromosomas iguales, bastante largos, llamados cromosomas X. La hembra, por tener dos de ellos, puede llamarse «una XX».

En el macho, la pareja 23 no es una verdadera pareja. Uno de sus cromosomas es el X normal, pero el otro está atrofiado; tiene sólo como un cuarto de la longitud del X. Se le llama «cromosoma Y» y el macho es, por consiguiente, «un XY». Por diferir, según el sexo, los cromosomas 23 suelen llamarse «cromosomas sexuales».

Parece que la diferencia entre las enzimas producidas por un XX y un XY pone al cuerpo en uno de dos diferentes cambios que conducen, respectivamente, a una anatomía y fisiología de macho o a una de hembra.

El cromosoma Y del macho es eminentemente no funcional, de modo que el cromosoma X masculino no tiene compañero de reserva; por eso los machos son mucho más vulnerables a algunas anomalías genéticas. En ellos un gen defectuoso del cromosoma X se hace notar. En las hembras puede ser compensado por un gen normal del otro cromosoma X.

Son muy notables algunas «características vinculadas al sexo», como el daltonismo y la hemofilia, que aparecen en machos y rara vez en hembras. Otras se notan menos, pero pueden explicar el hecho de que las mujeres vivan, en promedio, hasta unos siete años más que los hombres, desde que la medicina moderna ha eliminado los riesgos de la maternidad.

Cuando una hembra forma óvulos, el par XX se desdobla y cada óvulo recibe un X. En lo que respecta al contenido cromosómico de conjunto, todos los óvulos son, pues, semejantes.

Cuando un macho forma espermatozoides, el par XY se desdobla; la mitad de los espermatozoides reciben «un X» y la otra mitad «un Y». Así se forman, pues, dos amplias variedades de espermatozoides.

Para producir la fertilización, son abandonados, cerca de un óvulo único, varios millones de espermatozoides. Esos espermatozoides (aproximadamente una mitad X y otra Y) se disputan el óvulo en una carrera. Si llega el primero un espermatozoide X y lo fertiliza, resultará un huevo XX, que origina una hembra; si gana la carrera un espermatozoide Y, resulta un huevo XY, que da un macho. Las probabilidades vienen a ser las mismas, y por eso vienen a nacer, en conjunto, tanto niños como niñas.

Hasta ahora venimos suponiendo que todo va bien, pero no siempre es así. El proceso de la división celular, que comprende la minuciosa reduplicación de enormemente complejos cromosomas, más su reparto justo entre dos nuevas células, puede fácilmente ir mal, y va algunas veces. Pueden ocurrir errores. Algunas veces éstos sólo afectan a genes aislados, en algún punto de la línea de los distintos cromosomas. Esas «mutaciones» pueden ser fatales o sólo desventajosas. Hasta hay casos en que una mutación puede ser favorable.

Pero ¿y si no es un gen ultramicroscópico el afectado, sino un cromosoma entero que se malogra? En división celular, cuando los cromosomas son separados rudamente, puede ocurrir que uno de ellos se rompa en dos, que vuelvan a unirse, pero con uno de los trozos invertido. En ese trozo invertido las instrucciones «ordenan otra cosa», por decirlo así; es un trozo anormal.

O bien un cromosoma se parte en dos, que no vuelven a unirse. Los trozos pueden ir a extremos opuestos de la célula. Una célula hija recibirá un par de cromosomas y un trozo de un tercero, de más, mientras que la otra hija no recibirá el par completo.

Estas alteraciones cromosómicas son mucho más graves que las de genes sueltos. Una ruptura de cromosoma puede afectar a cientos de genes a la vez. Ese emborronamiento y trastorno de las instrucciones en grande producirá, casi de seguro, células incapaces de vivir y de superar los intrincados procesos de crecimiento y división.

Si tal ruptura de cromosomas ocurre en las células de un humano adulto, no tiene por qué ser grave. Una célula y hasta un centenar no supone mucho entre billones. Las células dañadas se desprenden y son sustituidas por las resultantes de divisiones normales. Es más, como las células dañadas desaparecen y sólo vemos las bien formadas, la división celular nos parece acaso mucho más perfecta de lo que es.

¿Y si el desarreglo ocurre al producirse células sexuales y aparece alguna con una tal alteración cromosómica? En general, esa célula no avanzará mucho en su desarrollo. Los hijos que llegan a nacer son los libres de alteraciones cromosómicas serias; y eso nos hace creer los procesos de formación de células sexuales mucho más asegurados contra errores de lo que están. Sabe Dios cuántos tanteos absurdos son desechados sin que lleguemos a verlos.

Prueba de estas «chapucerías» es el hecho de que unas pocas alteraciones consiguen llegar al nacimiento y la niñez.

Por ejemplo, entre cada quinientos nacidos, aproximadamente, hay uno que presenta el «síndrome de Down» o «mongolismo». (Este último nombre alude a los ojos, que en estos niños aparecen oblicuos, como en los asiáticos orientales.) Esta enfermedad ocasiona considerable retraso mental.

La causa del síndrome no se conoció hasta 1959, cuando los franceses J. Lejeune, M. Gautier y P. Turpin contaron los cromosomas en células de tres mongólicos y hallaron que cada célula tenía 47 cromosomas, en vez de 46. Resultó que la anomalía consiste en la posesión de *tres* cromosomas 21, la pareja normal más uno de sobra. Ésta fue la primera enfermedad atribuida a una alteración cromosómica.

Lo que, al parecer, ocurre es que alguna rara vez se forma una célula sexual tras una división imperfecta del par 21 de cromosomas. La célula sexual resultante, en vez de tener un cromosoma 21, como debería, tiene dos o ninguno. Al unirse con otra célula sexual dotada del cromosoma normal único, el huevo fertilizado tiene o tres (21-21-21) o uno (21).

El caso de los tres es el síndrome de Down. El caso de uno no había sido encontrado hasta recientemente. Se sospechaba que el tener uno suponía una desventaja tan grande para el huevo que nunca alcanzaba el término de su desarrollo. Pero en 1967, en el centro médico naval de Bethesda, se descubrió que una niña de tres años y medio, retrasada mental, tenía un solo cromosoma 21. Fue el primer caso descubierto de un ser humano vivo con un cromosoma de menos.

Están apareciendo casos que afectan a otros cromosomas, aunque parecen menos frecuentes. Los enfermos de un tipo especial de leucemia muestran en sus células un diminuto fragmento de cromosoma de más, llamado cromosoma de Filadelfia, porque en esa ciudad fue observado por primera vez. En las células de personas con ciertas enfermedades no muy comunes aparecen en general cromosomas rotos con más frecuencia de la ordinaria.

También los cromosomas sexuales pueden estar afectados de alteraciones. Un óvulo puede tener dos cromosomas X o bien ninguno. Un espermatozoide puede tener a la vez el cromosoma X y el Y, o ninguno de ambos. En esos casos pueden resultar huevos fertilizados que sean XXY, XYY, o sólo X, o sólo Y.

No son frecuentes esos casos, quizás porque tales embriones rara vez completan su desarrollo. No obstante, han sido observados. Una persona nacida con la serie XXY en sus células tiene el aspecto exterior de un macho subdesarrollado. En cambio, los individuos X y XYY parecen tener las características exteriores de una hembra subdesarrollada.

El individuo que más llamó la atención por esa anomalía fue Eva Koblukovska, muchacha polaca de veintiún años, alta y musculosa. Siempre se había tenido por una mujer y, aunque de pecho plano, tenía los órganos sexuales femeninos. Era, sin embargo, una atleta excelente y surgió la duda de si tendría algunas características masculinas, incluso músculos mayores y más fuertes que los de las mujeres en general. Claro que eso no sería ningún crimen; pero entonces no resultaría deportivo enfrentarla con mujeres normales. Se le contaron los cromosomas, y los seis médicos, tres rusos y tres húngaros, estuvieron conformes. Su dictamen fue que «había un cromosoma de más».

Sería naturalmente muy útil inventar métodos para eliminar tales aberraciones cromosómicas. A falta de ellos, sería sin duda aconsejable evitar los agentes que aumentan dichas aberraciones. Los biólogos están bien familiarizados con muchos de ellos. Las radiaciones intensas, por ejemplo, las estimulan, y además producen mutaciones de genes.

En parte por eso fue por lo que la opinión pública mundial condenó tan gravemente los ensayos con bombas atómicas al aire libre. Las partículas radiactivas lanzadas podrían no matar de momento, pero elevarían un poco la velocidad de mutación y aumentarían los nacimientos anuales de deficientes de una u otra clase.

Pero no son sólo las radiaciones lo que fomenta la mutación. Hay sustancias químicas que también lo hacen, que perturban la reduplicación y la separación cromosómicas. No es probable que las personas entren en contacto con la mayor parte de las sustancias especiales que manejan los químicos. Pero pocos años hace se dio el caso del calmante talidomida, que producía niños deformes cuando se administraba a embarazadas. Sin duda, producía alteraciones cromosómicas.

Otra cosa: ¿No podría haber una sustancia a la cual la gente no hubiese estado expuesta hasta hace poco, pero que ahora fuese usándose cada vez más? Esa idea se le ocurrió al Dr. Maimon M. Cohen, de la Universidad de Nueva York en Buffalo. En junio de 1966, después de visitar por curiosidad un campo de *hippies*, estaba pensando en el extravagante comportamiento de algunos de ellos. ¿No tendrían perturbadas las instrucciones celulares?

Él podría comprobarlo, pues se dedicaba a recuentos cromosómicos. Regresado a su laboratorio, empezó a trabajar con glóbulos blancos, que podía obtener fácilmente y en cantidad, de cualquier gota de sangre. Expuso algunos de ellos a una solución diluida de LSD y estudió sus cromosomas. Halló que presentaban doble número de ellos rotos y anormales que los leucocitos ordinarios no expuestos a la droga.

¿Y si exponemos a ella lo interior del cuerpo? Empezó a examinar leucocitos de personas que confesaban haber usado LSD. Igual hicieron otros experimentadores, en cuanto sus primeros informes empezaron a llegar al mundo científico.

Parecía haber absoluto acuerdo. Los leucocitos de los consumidores de LSD tenían un número excepcional de cromosomas rotos y anormales.

¿Sólo los leucocitos o todas las células del cuerpo? En particular en las células sexuales ¿se daban con más frecuencia alteraciones cromosómicas en los adictos al LSD que en los demás? En ese caso habría también entre los adictos más nacimientos anormales.

Es difícil reunir suficientes nacimientos entre lo que es todavía un sector pequeño de la población; así que los experimentadores recurrieron a animales. Les inyectaron a ratonas preñadas pequeñas dosis de LSD, y en numerosos casos hubo serias anomalías y deformaciones de los embriones de ratón.

El LSD hace patentes sus efectos sobre el sistema nervioso y el cerebro; se usa, precisamente, por las placenteras alteraciones mentales y alucionaciones que produce. Así que no es extraño que su efecto en los ratones sea máximo en el séptimo día de preñez; entonces es cuando el cerebro y los nervios están formándose rápidamente; y lo que se registra con más frecuencia en los embriones afectados son deformaciones cerebrales.

El período equivalente en el embarazo humano es la tercera semana, que llega, en general, antes de que la mujer sepa que está encinta y pueda suspender el uso de la droga, si es adicta.

Esto añade una nueva dimensión al uso del LSD y refuerza mis sentimientos contra él; pues no es sólo una extravagancia, sino una fuente de perjuicios para personas distintas del usuario. Muy aparte de los ataques de psicosis que produce (hasta con asesinatos y suicidios) y del riesgo de que ocasione psicosis crónica, puede aumentar los nacimientos de deficientes, multiplicando la carga de tragedia humana en nuestro planeta.

El pleito no está aún resuelto, desde luego, pero hay indicios de que los consumidores de LSD están sometidos a lo equivalente a un baño particular en residuos radiactivos. Si es así, podrán pasarlo bien, pero puede salirles caro a ellos, y más todavía a sus futuros hijos.

Nota: Desde que escribí este capítulo en enero de 1968, se ha centuplicado el interés por las anomalías cromosómicas. Resulta que los individuos con la combinación XYY son gente difícil de tratar. Son altos, fuertes y brillantes y se caracterizan por su propensión a la violencia y a la cólera. Se supone que Ricardo Speck, que en 1966 mató en Chicago a ocho enfermeras, era un XYY. En octubre de 1968, fue absuelto en Australia un asesino porque era XYY y, por tanto, irresponsable. Cerca del 4 por ciento de la población masculina de cierta prisión escocesa resultó ser XYY; y se calcula que esa combinación sólo se da en un hombre de cada 3.000.

Creo que es razonable que vayamos pensando en analizar sistemáticamente los cromosomas *de todos,* desde los niños recién nacidos.

Orificios en la cabeza

Un amigo mío dijo una vez que le gustaría ver cómo llevo yo mi archivo. Fuimos, pues, a mi despacho y le dije: «Este clasificador es de correspondencia. Aquí guardo los manuscritos viejos. Aquí los que están en preparación. Éste es el fichero de mis libros; éste el de novelas cortas; aquí otros escritos breves...».

«No, no –dijo–. Todo eso es trivial. ¿Dónde guarda usted sus fichas de datos?»

«¿Qué fichas de datos?», exclamé perplejo. Yo hablo a menudo con perplejidad. A ello atribuyo en parte mi simpatía, acaso haciéndome ilusiones.

«Las fichas en que usted apunta datos para utilizarlos en futuros artículos o libros, clasificadas por materias.»

«Yo no hago eso –dije con inquietud–. ¿Es que debe hacerse?»

«Pero entonces ¿cómo conserva usted las cosas en la memoria?»

Me alegró poder contestar a eso claramente. «No lo sé», dije. Y él pareció un tanto enfadado conmigo.

Pero de veras lo ignoro. Sólo sé que, desde mis primeros recuerdos, me pinto sólo para clasificar. Todo se me distribuye en categorías, se me divide, numera y dispone en la mente, en ordenadas casillas. No me preocupo de hacerlo; es cosa espontánea.

Claro que a veces me confundo en detalles. Por ejemplo, por unos u otros motivos, el número de libros que he publicado me resulta una incógnita. Siempre están preguntándome: «¿Cuántos libros lleva usted publicados?»[1].

Pero ¿qué entenderemos por libro?

Acaba de aparecer la segunda edición de mi obra *El Universo*. ¿La contaré como un libro más? Claro que no; está puesta al día, pero eso no supone bastante renovación para considerar el libro como nuevo. En cambio, ahora está publicándose la tercera edición de mi *Guía del hombre inteligente a la ciencia*. Ya conté la segunda como un libro nuevo y como otro más contaré la tercera, pues en ambas los cambios introducidos fueron esenciales y consumieron tanto tiempo y energía como una nueva obra.

Podrán pensar ustedes que en esto yo puedo pinchar y cortar a mi placer, pero no tanto. En mi libro *Opus 100* relacioné mis cien primeras obras, por orden cronológico, y esa lista se hizo «oficial». ¿Pero está correcta? ¿Hice bien en omitir en ella aquello, esto y lo otro o, si a mano viene, en incluir lo de más allá?

Son dudas desde luego intrascendentes; pero me inclinan a simpatizar con los que se meten con clasificaciones más intrincadas que los catálogos de libros. Por ejemplo:

¿Cómo distinguiríais un mamífero de un reptil?

La manera más fácil y rápida consiste en que el mamífero está cubierto de pelo y el reptil de escamas. Cierto que hay que ser amplio al hacer esta distinción. Algunos animales que consideramos mamíferos no tienen pelo muy abundante; los mismos seres humanos, pero tenemos pelo. Menos tie-

---

1. Hasta ahora van 117, para que no os mate la curiosidad.

nen aún los elefantes, pero tienen alguno. Menos todavía las ballenas, pero algo tienen. Hasta los delfines tienen de dos a ocho pelos cerca de la punta del hocico. Aun ciertas ballenas, que carecen por completo de pelo, lo tuvieron en algunas fases del desarrollo fetal.

Y para estos efectos un pelo vale tanto como un millón, pues uno sólo es la característica del mamífero. Ningún animal que consideremos netamente no mamífero tiene ni un verdadero pelo. Hay estructuras que lo parecen, pero la semejanza se desvanece al considerar su aspecto microscópico, su composición química, su origen anatómico o las tres cosas.

Una distinción menos práctica es que los mamíferos (bueno, casi todos) paren sus crías, y casi todos los reptiles no. Algunos reptiles, como la serpiente de mar, ponen vivas sus crías, pero es porque retienen los huevos en el cuerpo mientras se incuban. Los embriones en desarrollo hallan su alimento dentro del huevo, y éste sigue dentro del cuerpo, por motivos de seguridad, pero no de alimentación.

En cambio, los mamíferos, en su mayor parte, alimentan a sus embriones con el torrente sanguíneo materno, por medio de un órgano llamado «placenta», en el cual los vasos sanguíneos de la madre y los del embrión se acercan lo bastante para permitir el intercambio de sustancias: alimentos de la madre al embrión, residuos del embrión a la madre. (No hay, sin embargo, verdadera fusión de los torrentes sanguíneos.)

Una minoría de los mamíferos pare crías vivas, pero escasamente desarrolladas, que tienen que completar su desarrollo en una especie de bolsa materna fuera del cuerpo. Otra minoría más reducida aún pone huevos; pero aun éstos que los ponen tienen pelos.

Otra particularidad de los mamíferos es que alimentan a sus recién nacidos de leche segregada por glándulas maternas especiales. Esto aun los mamíferos sin placenta y aun los ponedores de huevos. Pero no, en cambio, los que no tienen pelo: ¡ni uno solo! La leche parece ser un producto exclusivo de los mamíferos, y eso es lo que debe de haber impresionado más que nada a los clasificadores. La misma palabra «mamífero» deriva de *mamma*, en latín 'ubre'.

Pero además los mamíferos mantienen una temperatura interna constante, por mucho que varíe la temperatura ambiente. En cambio, los reptiles tienen una temperatura interna que tiende a ajustarse más o menos a la ambiente. Los mamíferos, al ser su temperatura interna de 100° F, es decir, más alta en general que la exterior, están calientes al tacto; mientras que los reptiles parecen relativamente fríos. Por eso llamamos a los mamíferos animales de «sangre caliente» y a los reptiles de «sangre fría», omitiendo el detalle esencial de que los primeros tienen temperatura interna constante y los segundos no.

Claro que también las aves tienen sangre caliente, pero no hay peligro de confundir aves con mamíferos. Todas las aves, sin excepción, tienen plumas y sólo ellas las tienen. Y fuera de las aves y mamíferos, todos los animales son de sangre fría.

No he enumerado todas las diferencias entre mamíferos y reptiles, ni mucho menos, sino sólo las que se ven a primera vista, sin ser biólogo. Si consentimos en hacer disecciones, encontraremos otras. Por ejemplo, los mamíferos tienen un músculo plano, llamado «diafragma», que separa el tórax del abdomen. El diafragma, al contraerse, aumenta la capacidad torácica, a expensas de la abdominal, y contribuye a introducir aire en los pulmones. Los reptiles no poseen diafragma. En realidad, ningún animal sin pelo lo tiene.

Bien está; pero pasemos ahora a las especies extinguidas, que los biólogos sólo pueden estudiar en forma fósil. Los paleontólogos, biólogos especialistas en especies extintas, mirando un fósil no dudan en decir si es de reptil o de mamífero; y nosotros nos preguntamos ¿cómo?

No pueden usarse las diferencias realmente obvias, pues, en general, lo único que los fósiles nos muestran son restos de lo que fueron huesos y dientes. En un montón de huesos no es posible encontrar huellas de pelo, ni ubres, ni leche, ni placentas, ni diafragmas.

Lo único que cabe es comparar los huesos y dientes con los de reptiles y mamíferos modernos y ver si hay diferencias radicales en estos tejidos duros; pues puede suponerse que si un animal extinguido tenía huesos característicos de mamífero, habría de tener también pelo, ubres, diafragma, etc.

Consideremos el cráneo. En los más primitivos y antiguos reptiles, el cráneo detrás del ojo era un hueso sólido; y al otro lado de él estaban los músculos de las mandíbulas. Pero había tendencia a exponer los huesos de las mandíbulas, para dejarles juego más libre, de modo que muchos reptiles tenían en el cráneo aberturas, bordeadas por arcos óseos. La pérdida neta en fuerza defensiva estaba más que compensada por el refuerzo ofensivo, representado por mandíbulas mayores y más fuertes, que podían morder con más pujanza. En conjunto, los reptiles que casualmente desarrollaron tales aberturas conquistaron, pues, mayores progresos.

(Sin embargo, los «avances» evolutivos nunca son universales, ni la única reacción. Un grupo de reptiles que nunca tuvo agujeros en la cabeza consiguió sobrevivir cientos de millones de años y florecer a su modo hasta hoy; mientras que tantos y tantos grupos con agujeros en la cabeza han desaparecido. Hablo de las tortugas, cuyos músculos maxilares se esconden bajo un sólido tabique óseo.)

Los reptiles desarrollaron en el cráneo aberturas de diversas formas, y de hecho se clasifican en grupos según éstas. No es que tales modelos sean en sí de suprema importancia fisiológica, pero conviene esa clasificación porque, de quedarnos una parte de un reptil, será probablemente el cráneo.

Pero ¿y los mamíferos que descendieron de los reptiles? Ésos tienen una sola abertura a cada lado del cráneo, precisamente tras el ojo, y bordeada en el fondo por un estrecho arco óseo, llamado «arco cigomático».

Así, un paleontólogo, mirando un cráneo, por la índole de las aberturas sabe inmediatamente si es de reptil o de mamífero.

Pero además la mandíbula inferior de un reptil está formada por siete diferentes huesos, sólidamente soldados en una fuerte armazón. La mandíbula inferior de un mamífero es un hueso único. (Algunos de los huesos que faltan se transformaron en los menudísimos huesos del oído medio. No es tan extraño eso como parece. Si ponemos el dedo en el punto en que la mandíbula inferior toca a la superior –que es donde estaban los viejos huesos reptilianos–, veremos que no queda muy lejos del oído.)

En cuanto a los dientes, en los reptiles, solían estar indiferenciados, a manera todos de colmillos. En los mamíferos están altamente diferenciados: incisivos cortantes al frente y molares triturantes atrás, con caninos y premolares intermedios para desgarrar.

Puesto que los mamíferos proceden de antecesores reptilianos, ¿hay modo de reconocer qué grupo de reptiles tuvieron el honor de ser nuestros ascendientes? Desde luego, ningún grupo actual de reptiles parece tener descendientes mamíferos, ni nada parecido. Hemos de buscar algún grupo que no dejase ni un solo descendiente reptil.

Uno de tales grupos, hoy extintos completamente como reptiles, se llaman los «sinápsidos». Tenían un solo orificio craneal a cada lado de la cabeza y comprendían miembros que mostraban clara orientación hacia los mamíferos.

Había dos importantes grupos de sinápsidos. Los primeros datan de hace unos 300 millones de años y pertenecen al orden *Pelicosauria*. Estos pelicosaurios eran interesantes principalmente porque sus cráneos parecen mostrar un comienzo de arco cigomático. Además, sus dientes presentaban cierta diferenciación; los anteriores parecen incisivos y tras ellos hay otros que parecen caninos, pero molares no hay: los posteriores son cónicos, de reptil.

Después de florecer unos 50 millones de años, los pelicosaurios cedieron su puesto a un grupo de sinápsidos del orden *Therapsida*. Indudablemente los terápsidos descendían de cierta especie de pelicosaurios.

Los terápsidos están claramente más cerca de los mamíferos que ninguno de los pelicosaurios. El arco cigomático tiene en ellos más aspecto de mamífero que en los pelicosaurios; tanto, en efecto, que esa característica les da nombre. Terápsido en griego significa 'orificio de bestia' o bien orificio craneal propio de «bestia», que es como los zoólogos llaman a los mamíferos.

Además, los dientes están mucho más diferenciados en los terápsidos que en los pelicosaurios. Un terápsido muy conocido que vivió hace 200 millones de años en Sudáfrica tenía cráneo y dientes tan perrunos que se le llama *Cynognathus* ('quijada canina'). Los dientes posteriores del cinognato hasta empiezan a parecerse a los molares.

Es más, mientras que la quijada de los terápsidos constaba de siete huesos, al modo típico en los reptiles, el hueso central o «dentario» era, con mucho, el mayor. Los otros seis, tres de cada lado, se agrupaban hacia la articulación de la mandíbula inferior con la superior, «camino del oído», como quien dice.

En otro aspecto mostraban también los terápsidos una faceta progresiva (solemos llamar así cuanto evoluciona hacia nosotros). Los reptiles primitivos, incluso los pelicosaurios, tendían a llevar las patas desplegadas hacia fuera, de modo que la parte superior, rodilla arriba, quedaba horizontal. Esto proporciona un sostén poco eficiente para el peso del cuerpo.

No así los terápsidos: en ellos las patas quedaban recogidas bajo el cuerpo, con las partes inferiores, lo mismo que las superiores, tendiendo a quedar verticales. Esto proporciona mejor soporte, permite movimientos más rápidos con menos gasto de energía y es una característica típica de los mamíferos. Al parecer, la superior eficacia de la pata vertical significaba que no había ventaja en los dedos especialmente largos. Los reptiles primitivos solían tener cuatro y aun cinco articulaciones en el primer dedo y tres articulaciones en los demás, y así es también en los mamíferos.

Pero los terápsidos no subsistieron. Aunque debemos buscarles el rastro como a nuestros más remotos abuelos, es un hecho que hace unos 200 millones de años los arcosaurios, animales representantes de lo que ahora llamamos por extensión dinosaurios, estaban tomando auge. Cuando ellos (no antecesores nuestros) crecieron rápidamente en tamaño y especialización, descastaron a los terápsidos. Hace unos 150 millones de años, éstos habían desaparecido del todo, para siempre, hasta el último ejemplar.

Bueno, ¡no tanto! Algunos terápsidos quedaban, pero se habían vuelto tan semejantes a mamíferos, a juzgar por los poquísimos fósiles que nos dejaron, que ya no los llamamos terápsidos, sino mamíferos.

En cuanto los mamíferos entraron en escena se las arreglaron para sobrevivir a un dominio de arcosaurios de 100 millones de años. Después, desaparecidos los arcosaurios hace unos 70 millones de años, los mamíferos continuaron sobreviviendo y florecieron en una exuberancia de diferenciación y especialización que hizo de esta última época de la vida de la tierra la «era de los mamíferos».

El problema es ahora: ¿Por qué sobrevivieron los mamíferos, mientras que los terápsidos en general no lo hicieron? Los arcosaurios resultaron netamente superiores a los terápsidos; ¿por qué no también a esa ramificación de los terápsidos, los mamíferos? No pudo ser porque los mamíferos fuesen especialmente cerebrales, pues los mamíferos primitivos no lo eran. No lo son ni aun hoy; mucho menos hace 100 millones de años.

Ni tampoco por su perfeccionado modo de reproducirse, pariendo vivas sus crías. El desarrollo de placentas y aun bolsas no ocurrió hasta cerca del final del dominio arcosaurio. Durante 100 millones de años los mamíferos sobrevivieron como ovíparos.

Tampoco sería por sus perfeccionados dientes, patas u otras características óseas de los terápsidos en general; pues eso no salvó a la generalidad de los terápsidos.

Realmente la más razonable conjetura es que sobrevivieron por el ardid de tener sangre caliente y temperatura interna constante. Regulando su temperatura interna podían los mamíferos resistir los rayos directos del sol mucho mejor que los reptiles. Además, en las mañanas frías, los mamíferos estaban calientes y ágiles, no fríos, rígidos y aletargados como los reptiles.

Si un mamífero limita su actividad a las horas gélidas o si, perseguido por un reptil durante el calor, puede escapar dirigiéndose al pleno sol, tenderá a sobrevivir. Pero para sobrevivir de ese modo los mamíferos tendrían que tener bien desarrollada desde el principio la regulación térmica, y eso no se improvisa.

Podemos, pues, concluir que aparte de los cambios en los terápsidos, que podemos ver en el esqueleto, deben de haberse producido otros, que hicieron posible la regulación térmica. Los mamíferos sobrevivieron porque, entre todos los terápsidos, ellos desarrollaron con máxima eficiencia dicha regulación.

¿Hay indicios del comienzo de tales cambios en los reptiles precursores de los mamíferos? Cierto número de especies de los pelicosaurios tenían en sus vértebras largas prolongaciones óseas, que sobresalían mucho en el aire. Parece que en ellas se apoyaba la piel, lo que dotaba al animal de una alta «vela» listada.

¿Para qué? El zoólogo Alfred Sherwood Romer sugiere que era un «acondicionador de aire», como las enormes orejas en abanico del elefante africano. El calor se absorbe o elimina por la superficie del cuerpo y la vela del pelicosaurio duplica fácilmente el área disponible. En las mañanas frías, la vela absorbe el calor solar y calienta al animal mucho más rápidamente que si no existiese. En cambio, en días calientes, el pelicosaurio se mantiene a la sombra y pierde rápidamente calor de los vasos sanguíneos que riegan la vela.

Ésta, en suma, servía para mantener la temperatura interna del pelicosaurio menos variable que la de otros reptiles parecidos. Pero sus descendientes los terápsidos no tenían velas, y no porque hubiesen dejado de regular la temperatura, pues sus descendientes los mamíferos la graduaban con suma perfección.

Tenía que ser porque los terápsidos habían desarrollado algo mejor que la vela. Quizá desplegaron gran actividad metabólica, para producir calor en cantidades mayores; y desarrollaron pelos (que son sólo escamas modificadas) que servían de aisladores para reducir las pérdidas de calor en días fríos. Acaso desarrollaran también glándulas sudoríferas, para eliminar calor en tiempo cálido, de un modo más eficiente que por medio de velas.

En suma, ¿habrían sido los terápsidos peludos y sudorosos, como hoy los mamíferos? Los fósiles no permiten averiguarlo.

¿Se convirtieron en lo que llamamos mamíferos las especies que mejor perfeccionaron el sudor y el pelo, para sobrevivir donde no pudieron los otros terápsidos, menos adelantados?

Mirémoslo por otro lado. En los reptiles, las narices conducen a la boca, detrás de los dientes. Eso les permite respirar con la boca cerrada y vacía. Cuando está llena, cesa la respiración; en los reptiles, de sangre fría, eso importa poco, pues necesitan relativamente poco oxígeno, y si su entrada se interrumpe temporalmente mientras comen, da lo mismo.

Pero los mamíferos, para mantener caliente la sangre, han de conservar en todo momento un activo ritmo metabólico, lo cual exige que sea continua la oxidación de alimentos que produce el calor. El suministro de oxígeno no puede interrumpirse por más de un par de minutos cada vez. Esto es posible gracias a que los mamíferos tienen paladar, o sea, un techo en la boca. Cuando respiran, el aire pasa por encima de la boca a la garganta; la respiración sólo se interrumpe en el acto mismo de tragar, y eso es cuestión sólo de un par de segundos.

Es interesante, pues, que algunas de las especies tardías de terápsidos hayan desarrollado un paladar, lo cual puede tomarse como buen indicio de que eran de sangre caliente.

Parece, por tanto, que si pudiésemos ver terápsidos en estado vivo y no como puñados de huesos fósiles, veríamos seres peludos y sudorosos, que fácilmente podríamos tomar por mamíferos. Dudaríamos entonces cuáles de esos seres eran reptiles y cuáles mamíferos. ¿Cómo trazar la frontera?

Hoy puede parecer que el problema no es crucial. Todos los animales peludos y de sangre caliente que existen se llaman mamíferos. Pero ¿está justificado el hacerlo?

En el caso de los placentarios y marsupiales es seguro que sí. Desarrollaron sus placentas y bolsas hace 80 millones de años, cuando ya los mamíferos llevaban unos 100 millones de años existiendo. Los mamíferos primitivos tuvieron que ser ovíparos, como también, por consiguiente, sus antecesores terápsidos. Por tanto, para trazar la frontera entre terápsidos y mamíferos hemos de buscar entre los ovíparos peludos.

Afortunadamente viven unas seis especies de esos peludos ovíparos, que existen sólo en Australia, Tasmania y Nueva Guinea, islas que se desgarraron de Asia antes de que se desarrollasen los mamíferos placentarios, más eficientes, por lo cual los ovíparos se libraron de una competencia que les hubiese resultado fatal. Estos ovíparos fueron descubiertos en 1792, y por algún tiempo los biólogos encontraron difícil creer que existieran realmente. Tardaron mucho en desechar sus recelos de un engaño. Poner huevos animales peludos parecía una contradicción.

El mejor conocido de esos ovíparos es el «*platypus* pico de oca». La primera parte del nombre significa 'de pie plano' y la segunda alude a una vaina córnea de su nariz, que parece un pico de oca. También se le llama «ornitorrinco», que significa en griego 'pico de pájaro'.

Naturalmente esos ovíparos tienen pelo y muy buen pelo, pero también lo tenían muy probablemente algunos terápsidos al menos. Los ovíparos segregan también leche, aunque sus glándulas mamarias carecen de pezones y las crías tienen que lamer el pelo, donde rezuma la leche. Sin embargo algunas especies de terápsidos podrían también haber producido leche de esa manera. Por los huesos no puede saberse.

En algunos aspectos los ovíparos se inclinan fuertemente hacia el lado de los reptiles. Su temperatura corporal está mucho peor graduada que en los demás mamíferos y algunos de ellos tienen veneno. El *platypus*, por ejemplo, posee en cada tobillo un espolón que segrega veneno; y aunque buen número de reptiles son venenosos, ningún mamífero lo es, fuera de los ovíparos.

Además, precisamente por ser ovíparos, tienen una única abertura abdominal, la «cloaca», que sirve de desagüe común a la orina, heces, huevos y esperma. Todos los pájaros y reptiles actuales, ovíparos también, poseen cloacas; pero los mamíferos no, excepto esos pocos ovíparos. Por esa razón los ovíparos se llaman monotremas ('de agujero único').

Para la mayoría de los zoólogos, el pelo y la leche revelan inconfundiblemente al mamífero; pero los huevos, la cloaca y el veneno son harto «reptilianos». Así los ovíparos se agrupan en una subclase, prototerios ('primeras bestias'), mientras que todos los demás mamíferos, tanto marsupiales como placentarios, figuran en la subclase terios ('bestias').

Pero ahora surge la cuestión: ¿Son realmente los monotremas los primeros mamíferos, o son más bien los últimos terápsidos? ¿Son realmente reptiles con la apariencia exterior de mamíferos, como la tenían quizá buen número de las últimas especies de terápsidos, o son mamíferos que han conservado algunas características de reptiles?

Esto podrá sonar a asunto puramente semántico, pero los zoólogos tienen que tomar decisiones en esos asuntos y, si es posible, ponerse de acuerdo acerca de ellos.

Un zoólogo norteamericano, Giles T. MacIntyre, ha entrado recientemente en la palestra, aplicando el criterio de las características óseas. (Acerca de los terápsidos no tenemos más testimonios directos que el esqueleto.)

MacIntyre se ha concentrado en la región junto al oído, donde algunos de los huesos maxilares de los reptiles pasaron a huesos del oído, y donde se podría esperar alguna diferencia útil entre ambas clases.

Hay un «nervio trigémino» que va de los músculos de la quijada al cerebro. En todos los reptiles, sin excepción, pasa por un pequeño orificio del cráneo, que está *entre dos* huesos especiales que forman parte del cráneo. En todos los mamíferos marsupiales y placentarios sin excepción pasa por un pequeño orificio, que atraviesa *uno* de los huesos del cráneo.

Dejémonos de pelo, leche, huevos y sangre caliente y reduzcámoslo todo a cuestión de orificios en la cabeza. El nervio trigémino de los monotremas ¿atraviesa un hueso del cráneo o pasa entre dos? La respuesta fue: «atraviesa un hueso del cráneo».

Eso significaría que los monotremas son mamíferos.

«Nada de eso», dice MacIntyre. El estudio del nervio trigémino se hizo en monotremas adultos, cuyos huesos craneales están soldados, y los límites son difíciles de precisar. En los monotremas jóvenes, los huesos del cráneo no están tan bien desarrollados y quedan más claramente deslindados (como ocurre en general en los mamíferos jóvenes). En los monotremas jóvenes, dice MacIntyre, está claro que el nervio trigémino pasa entre dos huesos; y es sólo en el cráneo adulto donde las fusiones óseas oscurecen el hecho.

Si tiene razón MacIntyre, podemos, pues, decir que los terápsidos nunca se extinguieron del todo, y que los monotremas representan terápsidos vivientes; reptiles vivientes, tan parecidos a los mamíferos en algunos aspectos que se les ha considerado mamíferos durante cerca de doscientos años.

Pero, ¿interesa esto a alguien, salvo unos pocos zoólogos?

¡Pues me interesa a mí! Sentimentalmente estoy por completo de la parte de MacIntyre. ¡Yo prefiero que hayan sobrevivido los terápsidos!

¡Oh! El Este es Oeste y el Oeste es Este

Hará cosa de medio año me compré un globo terráqueo de 40 centímetros, con pulida peana de madera, luz eléctrica por dentro y mango de latón, para mantenerlo inclinado 23 grados. Aún está en mi despacho del ático, a la izquierda de la máquina de escribir.

Me sirve para consultarlo y como artístico adorno; pero las más de las veces para autohipnotizarme. Mientras lucho con la antipática dificultad de formular con precisión alguna idea, que brota de los fosforescentes senos de mi cráneo, si miro fijamente el globo, encuentro descanso abismándome unos momentos en un delicioso no pensar, mientras estudio el contorno de Cambodia.

Como efecto secundario, es claro que voy familiarizándome cada vez más con las fronteras que subdividen nuestro planeta y empiezo a creerme un pequeño geógrafo.

Imaginad, pues, mi disgusto cuando al hacerme una pregunta geográfica fácil di una respuesta errónea, según me dijeron. Desde entonces estoy que trino por ello.

La pregunta venía a ser ésta: cuáles son los Estados más septentrional, meridional, oriental y occidental de los Estados Unidos; y me gustaría que vosotros mismos escribierais vuestra opinión sobre el asunto, sin mirar el mapa.

¿Habéis terminado ya? Muy bien, pues abordemos ahora la cuestión en detalle, y veremos si no encuentro modo de probaros que era yo quien estaba en lo cierto.

De los cuatro puntos cardinales del horizonte, el Norte y el Sur no ofrecen la menor duda. La rotación de la tierra sobre su eje permite definir en ella dos puntos únicos: aquellos en que el eje corta a la superficie. Son, es claro, el Polo Norte y el Polo Sur, que pueden definirse por sus latitudes, a saber, 90° N y 90° S, respectivamente.

Podemos ahora definir el Norte como la dirección en que miramos al mirar hacia el Polo Norte, teniendo el Polo Sur a la espalda. Análogamente, el Sur es la dirección en que miramos al mirar hacia el Polo Sur, teniendo a la espalda el Polo Norte.

Esas direcciones son, además, absolutas. Si el punto B está al norte del A, no hay modo de modificar el punto de vista, de modo que veamos el punto A al norte del B.

Tomemos un caso práctico: la ciudad de Omaha, Nebraska, está unas mil millas casi exactamente al norte de Houston, Texas. Así, pues, será de esperar que si una persona de Houston toma un avión y vuela 1.000 millas hacia el norte, irá a parar a Omaha.

Pero ¿no llegaría también a Omaha nuestro houstoniano, partiendo hacia el sur y continuando su vuelo en esa dirección, sin torcer a derecha ni a izquierda; y no demostraría eso que Omaha puede considerarse al sur de Houston?

¡No!, respondemos. Nuestro viajero, al volar desde Houston hacia el sur, daría cara al Polo Sur; pero después de recorrer unas 3.200 millas lo alcanzaría y rebasaría. En cuanto pasase del Polo Sur ya no miraría hacia él; lo tendría a la espalda y estaría volando hacia el norte. Después de recorrer en esa dirección 12.500 millas, pasaría sobre el Polo Norte, e inmediatamente volvería a volar hacia el sur; y tras recorrer 3.200 millas en esa dirección, alcanzaría Omaha.

En suma, habría recorrido 12.500 millas hacia el norte, y 11.500 millas hacia el sur. Recorrido total: 1.000 millas hacia el norte.

No caben, pues, confusiones entre el Norte y el Sur. Podemos responder a preguntas tales como: ¿cuál es el estado más septentrional de la Unión?, sin tener que decir: «según se mire». Nos basta averiguar qué Estado se acerca más al Polo Norte; y para verlo podemos servirnos de los paralelos, que dividen la distancia del Ecuador al Polo Norte en 90 partes, aproximadamente iguales, llamadas «grados». (Iguales del todo no son, porque la tierra no es una esfera perfecta.)

Una «pega» de la pregunta «¿qué Estados?» consiste en la posibilidad de que el preguntado olvide que la Unión ya tiene más de 48. (Recuérdense Alaska y Hawai.)

Si pensamos sólo en los 48 «Estados contiguos», una ojeada rápida al mapa puede despistarnos. En la mayor parte de los mapas de los Estados Unidos, Maine, en la punta del rincón NE, está dibujado de tal modo, que parece llegar más al norte que Washington (Estado), en el ángulo NO.

Eso es una ilusión debida a que en tales mapas los paralelos geográficos suelen representarse por curvas convexas hacia el sur. En proyección Mercator, en que los paralelos se representan por rectas horizontales, no hay la menor dificultad para reconocer que Maine se queda atrás; su punto más septentrional viene a estar sólo a 47,5° N, mientras que el borde noroeste de los Estados Unidos está a 49° N.

Refiriéndonos, pues, al NO, si nos fiamos en la frontera exactamente rectilínea que sirve de límite entre los Estados Unidos y el Canadá, estaríamos tentados de creer que no es solamente uno el «Estado más septentrional»: Washington, Idaho, Montana, Dakota del Norte y Minnesota parecen compartir el título, pues alcanzan todos el paralelo 49° N.

Pero no es así en rigor, como se ve examinando con detenimiento el límite norte de Minnesota. Un tercio de su frontera norte coincide con el paralelo 49° N; pero al llegar al lado de Woods, tuerce bruscamente hacia el norte en unas 30 millas, cortando un trocito la orilla, al norte del lago, para volver hacia el sur, hasta una línea de ríos y lagos dirigida hacia el SE, que va llevándola al lago Superior.

La parte norte del lago Woods, de unas 124 millas cuadradas de área, es la más septentrional de los 48 Estados, pues alcanza aproximadamente los 49,4° N. El motivo de que exista esta penetración en el territorio, que, en justicia, debiera ser canadiense, es que en 1818, cuando se trazó esa sección de la frontera, los mapas eran defectuosos y parecía que la ribera norte del lago de Woods quedaba al sur del paralelo 49° N. Cuando se deshizo el error, los Estados Unidos habían ya establecido su soberanía en ese pequeño espolón y Gran Bretaña decidió no discutirla.

Resulta, pues, que de los 48 «Estados contiguos» el más septentrional es Minnesota.

Sin embargo, el 3 de enero de 1959 fue admitida Alaska en la Unión, como Estado número 49; y como consecuencia hubo que rectificar varios datos estadísticos. Como todos saben, Texas pasó al segundo lugar por la extensión, pues Alaska, con sus 571.065 millas cuadradas, es 2,2 veces mayor que ella; como que viene a medir un quinto del área conjunta de los 48 Estados. Es también mayor que todas las provincias canadienses, incluso Quebec, que tiene 523.860 millas cuadradas de superficie.

Por añadidura, Alaska se lleva la palma como Estado más septentrional de la nación. Todo él queda al norte del extremo septentrional de Minnesota. El extremo norte de Alaska, Punta Barrow, está a 71,3° N.

Gracias a Alaska, son los Estados Unidos una nación ártica, aunque dista de ser la más ártica de todas. Realmente alcanza sólo, entre ellas, el quinto lugar.

El cuarto lugar lo ocupa Noruega. Ella misma no avanza tanto hacia el norte como Punta Barrow; pero unas 500 millas más al norte está la isla de Svalbard, más conocida por

Spitzberg. Es territorio noruego y su extremo septentrional está a 80,8° N.

El tercer lugar lo ocupa la Unión Soviética. El punto más septentrional de Siberia, y de toda Asia, es el cabo Chelyuskin, a 77,5° N; pero más al norte hay un grupo de islas soviéticas, llamadas en conjunto Severnaya Zemlya, que se extienden hasta unos 81,3° N.

En segundo lugar está Canadá. De su parte continental lo más septentrional es la península de Boothia, cuyo extremo norte, a 71,4° N, es lo más próximo al polo del continente americano. Pero más al norte, en el océano Glacial Ártico, hay un archipiélago perteneciente al Canadá cuya isla más septentrional es la llamada de Ellesmere. Su extremo norte, el cabo Columbia, alcanza los 82,7° N.

Falta decir la nación más septentrional, y sería divertido pedirle a alguien que contestase de prisa cuál es esa. Es Dinamarca, que alcanza ese honor por ser suya Groenlandia, cuya punta norte, el cabo Morris Jesup, llega a 83,7°. Es la tierra conocida más próxima al Polo Norte, del que dista sólo unas 400 millas.

Veamos por el sur: los 48 Estados extienden hacia el sur dos prolongaciones: Texas y Florida. El extremo meridional de Texas está un poco al sureste de Brownsville, 15 millas al oeste de la desembocadura del río Grande, a una latitud de 25,9° N.

Florida llega un poco más al sur; la punta meridional de la península está a unos 25,1° N. Pero del sur de ella arrancan hacia el SO los cayos de la Florida, que terminan por el sur en el Cayo Hueso, situado a 24,6° N. Por tanto, es Florida el más meridional de los 48 Estados.

Su primacía pasó, como la de Minnesota, a un nuevo Estado, el de Hawai, admitido en la Unión con el número 50 el 21 de agosto de 1959.

La más meridional de las islas Hawai es la misma Hawai. Su extremo meridional, bien llamado cabo Sur, está a unos

18,9° N. Hawai gana, pues, por gran ventaja, el título de Estado más meridional.

Claro que la tierra más meridional de todas es la Antártida, en la cual se encuentra el Polo Sur mismo. Pero la Antártida apenas merece citarse, pues fuera de algunos físicos y exploradores transeúntes, su población es nula.

Descartada la Antártida, y varias paupérrimas islas junto a su costa, preguntémonos: ¿qué nación poblada penetra más hacia el sur?

Empecemos por considerar los tres continentes del hemisferio sur. De ellos África se queda atrás. Su extremo meridional, el cabo de Las Agujas, en la Unión Sudafricana, está a 34,8° S, no más cerca del Polo Sur que del norte de Los Ángeles*; pero eso basta para que la Unión Sudafricana sea la quinta nación en proximidad al Polo Sur.

La cuarta es Australia. Su extremo meridional en el promontorio de Wilson, al sureste de Melbourne, está a 39,1° S; pero al sur de este punto está la isla australiana de Tasmania, que llega a los 43,6° S. Eso viene a estar tan cerca del Polo Sur como Buffalo (Nueva York)** del Polo Norte.

Va en tercer lugar Nueva Zelanda. Consta de dos islas principales, la del Norte y la del Sur, y el extremo meridional de ésta queda a 46,6° S. Mas el islote de Steward, del mismo archipiélago, situado al sur de la isla Meridional, alcanza los 47,2° S, acercándose al polo austral aproximadamente lo mismo que Seattle (Washington)*** al boreal.

Es, pues, Sudamérica el más meridional de los continentes habitados. Se extiende unas 500 millas más hacia el sur que Nueva Zelanda, formando cuña cada vez más estrecha. A uno y otro lado de ella, Argentina y Chile se alargan hacia el estrecho de Magallanes, disputándose el primer lugar. Ar-

---

* O Larache. *(N. del T.)*
** O Santander. *(N. del T.)*
*** O Zúrich. *(N. del T.)*

gentina no llega, por poco, al estrecho, cuya orilla norte es toda chilena. El extremo meridional de Sudamérica, que llega a 53,9° S, es, pues, chileno.

Pero al sureste del estrecho está la Tierra del Fuego. Argentina se salta el estrecho y toma posesión de parte de esta isla. La línea divisoria corre de norte a sur, con la Argentina al este y Chile al oeste. El extremo meridional de la isla, a 55° S, es argentino; pero al sur de ella hay unas cuantas islas que pertenecen a Chile. La más meridional es la isla de Hornos, al sur de la cual está el cabo de Hornos, a unos 56° S. Chile es, pues, la nación más meridional y Argentina le sigue.

El cabo de Hornos, la tierra más meridional, fuera de la Antártida e islas adyacentes, sólo dista, ciertamente, unas 650 millas del extremo norte del «continente antártico». Así y todo no se acerca al Polo Sur más que Moscú al Polo Norte.

Pasemos ahora al Este y el Oeste. A primera vista parece que no encontraremos dificultades. La línea este-oeste es perpendicular a la norte-sur, y si miramos al norte, tendremos el Este a la derecha y el Oeste a la izquierda. La existencia de los Polos Norte y Sur define así el Este y el Oeste, tan completamente como el Norte y el Sur.

Probablemente el Este sería la primera dirección conocida por el hombre primitivo, pues era la dirección aproximada del sol naciente, y durante las largas y crudas noches invernales, los ojos escrutarían ansiosos en esa dirección, buscando los primeros resplandores de la aurora.

Pero no hay ningún punto que esté «más al este» ni «más al oeste que todos». Eso produce cierta confusión.

Por ejemplo: Quito y la desembocadura del Amazonas están ambos en el Ecuador. Mirando un mapa de Sudamérica veréis que Quito está a unas 2.100 millas al oeste exacto de la desembocadura del Amazonas. Si partiendo de ésta volaseis 2.100 millas hacia el oeste exacto, llegaríais a Quito.

Claro que podríais partir de la desembocadura del Amazonas, con rumbo este, y también así llegaríais a Quito, tras 22.900 millas de viaje.

Eso podría parecernos como nuestro intento anterior de llegar a Omaha viajando hacia el sur desde Houston; Este inalterable; y lo mismo marchando hacia el oeste, a Quito sin dejar de seguir rumbo este. Hasta podríamos estar siempre dando vueltas al mundo, con rumbo al Polo Sur, el punto «más meridional de todos». Pero como no existe «el punto más oriental», podemos llegar pero es diferente. Marchando hacia el sur desde Houston, nuestro rumbo se transformaba en norte al cruzar.

Dicho de otro modo: hacia el norte y hacia el sur no pueden recorrerse más de 12.500 millas; pero hacia el este o hacia el oeste cabe recorrer distancias infinitas. Eso significa que no podemos jugar a preguntarnos cuál es la nación más oriental ni más occidental. Europa está al este de Norteamérica, pero Asia está al este de Europa y Norteamérica al este de Asia, y así indefinidamente.

Pues bien, ¿cómo salir de esta confusión? ¿Diremos que Quito está a 2.100 al oeste de la desembocadura del Amazonas, o que está a 22.900 al este?

Cualquier persona sensata responderá de seguro: «Escoge la dirección que menor distancia te dé».

Pero no siempre es fácil saber qué dirección da la menor distancia, pues la longitud total del camino este-oeste varía con la latitud. En el Ecuador, para volver al punto de partida, hay que recorrer 25.000 millas hacia el este o el oeste. A la latitud de Minneápolis (Minnesota) basta con recorrer 17.500 millas, y a la latitud de Oslo (Noruega) bastan 12.500 millas. Tendría, pues, sentido decir que algo está 10.000 millas al este de Oslo; en este último caso diríamos más propiamente que está a 2.500 millas al oeste de Oslo.

Para evitar tales dudas, podemos hacer uso de los grados de longitud. La tierra se divide en grados de longitud, como una naranja en gajos, y cada vuelta comprende 360° justos hasta regresar al punto de partida. Al acercarnos a los polos, disminuye el recorrido total este-oeste, y en esa misma proporción se acorta el grado de longitud.

Midiendo las distancias este-oeste en grados escogeremos, pues, la dirección que nos dé menos de 180°, y con ello quedará obviada toda ambigüedad.

Ahora ya estamos en condiciones de acometer la pregunta: ¿Qué Estados de la Unión son el más oriental y el más occidental? A mí me parece lo más fácil escoger un meridiano dentro de Estados Unidos, desde el cual podamos ir hacia el este o el oeste hasta los más remotos confines de nuestro territorio, sin recorrer nunca más de 180°.

Refiriéndonos sólo a los 48 «estados contiguos», podemos tomar como meridiano de referencia el de longitud 100° O. El número 100 es muy cómodo y además ese meridiano parte Nebraska por la mitad y queda bastante cerca del centro del país.

Yendo hacia oriente alcanzamos el océano Atlántico, ya en la costa de Georgia. Siguiendo hacia el este vamos dejando atrás otros estados, hasta que sólo queda Nueva Inglaterra (seis estados); y, finalmente, queda sólo Maine.

El extremo oriental de Maine es una ciudad bien llamada Eastport, que está a 33° al este de nuestro meridiano de referencia. Parece, pues, ineludible establecer que de los 48 estados, el más oriental es Maine. ¿Y el más occidental de los 48? Si creéis que es California, estáis equivocados. La parte más occidental de California es el cabo Mendocino, en su costa, parte septentrional, 24,1° al O del meridiano de referencia. Oregón avanza algo más, pues en su costa, parte sur, el cabo Blanco está 24,5° al O de dicho meridiano.

Mas es el estado de Washington el que gana el concurso; pues el cabo Flattery, en la punta noroeste de la península Olimpia, avanza 24,8° al oeste del meridiano de referencia.

De los 48 estados es, pues, Maine el más oriental y Washington el más occidental.

Pero ¿y si incluimos los estados números 49 (Alaska) y 50 (Hawai)? Una rápida ojeada al mapa os mostrará que ambos estados nuevos quedan al oeste de los restantes. Así, pues, dejan a Maine en indiscutida posesión del campeonato de orientales; pero el de occidentales tendrán que disputárselo entre ellos.

La parte principal de Hawai consta de ocho islas de las cuales la más occidental es Niihau, que dista 60,2° hacia el O del meridiano de referencia. Pero realmente Hawai llega más al oeste aún. Al occidente de la isla principal hay una cadena de islotes, arenales y arrecifes (las islas de Sotavento) que se prolonga 1.500 millas en dirección noroeste. Todas ellas forman parte del estado de Hawai, aunque están virtualmente deshabitadas y sirven sobre todo como vivero de aves del archipiélago.

El islote más occidental es el de Kure, o isla del Océano, algo menor que Manhattan y situado 78,5° al O de dicho meridiano.

Y Alaska, ¿podrá competir con esto?

Alaska lanza hacia el oeste cuatro penínsulas. La segunda empezando por el norte, o península de Seeward, es la que llega más al oeste, y es la prolongación más occidental del continente norteamericano. Termina en el cabo del Príncipe de Gales, 68° al oeste del repetido meridiano. Eso supera al archipiélago principal de Hawai, pero no a su prolongación, las islas de Sotavento.

Pero Alaska tiene también su cadena de islas. Arranca de la llamada «península de Alaska» (la más meridional), formando un arco de islas denominadas Aleutianas.

Éstas tienen de notable que prolongan Alaska hacia el sur más de lo que generalmente se supone. La Aleutiana más meridional es Amchitka, a unos 51,7° de latitud (casi la misma de Londres). Eso significa que hay puntos de Alaska que están al sur de Berlín o de Varsovia.

Pero sigamos ahora comparando longitudes occidentales. Las Aleutianas se extienden 1.200 millas en el Pacífico, y la isla más occidental de las pertenecientes aún a Alaska es la de Attu. Ella y la inmediata de Kiska estuvieron algún tiempo ocupadas por los japoneses durante la Segunda Guerra Mundial; fueron la única parte de los 50 estados que sufrió tal indignidad, aunque desde luego Alaska no era todavía un estado. Attu está 87,4° al oeste del consabido meridiano. Luego Alaska es el estado más occidental.

En resumen: para contestar a la pregunta sobre los Estados extremos de la Unión, yo me hice un rápido razonamiento que me condujo al resultado siguiente:

	Respuesta mía	Dice el libro
Sur...............	Hawai	Hawai
Norte............	Alaska	Alaska
Oeste............	Alaska	Alaska
Este.............	Maine	Alaska

Mas, ¿cómo explicarse esto? ¿Por qué esa discrepancia respecto al estado más oriental? Veréis:

Yo me serví de un meridiano de referencia que resultaba cómodo para definir el Este y el Oeste en los Estados Unidos. Para hacer lo mismo en Europa, hubiese escogido otro meridiano de referencia; para China, otro tercero, y así sucesivamente. Este tipo de elección lo practicaban también, más o menos oficialmente, todas las naciones navegantes, hasta que al fin se acordó establecer un mismo meridiano de referencia para uso universal.

Este meridiano único o «primer meridiano» pasa por el observatorio de Greenwich de Londres. Al oeste de él se miden los grados de longitud occidental; al este, los de longitud oriental. Las dos clases de longitud se confunden a 180°, en la prolongación del «meridiano único».

Podríamos, pues, definir que todo punto con longitud oriental está al este de todo punto con longitud occidental. De dos puntos con longitud oriental, estará al este el que tenga «más grados de longitud»; de dos puntos con longitud occidental, estará al este el que tenga «menos grados de longitud».

Según este convenio, el punto más oriental será el que, pasando del meridiano 179° E, toque al de 180°; y el más occidental, el que pasando del meridiano 179° O toque al de 180°. A 180° «el Este es Oeste y el Oeste es Este»; los extremos se tocan, como siempre.

Claro que la línea de 180° puede introducir confusiones entre Este y Oeste, pero por feliz coincidencia pasa aproximadamente por el mínimo de tierra y máximo de mar, sirviendo de límite muy cómodo para cambios internacionales de fecha.

Afortunadamente, los 48 estados contiguos tienen todos longitud occidental: la punta más oriental de Maine, 67°, y la más occidental de Washington, 124,8°. Ni siquiera Hawai llega del todo a la línea de confusión de 180°, pues la isla de Kure está a 178,5° O, 1,5° antes de la raya fatal.

Pero, ¿y Alaska?

Pues la línea 180° atraviesa el archipiélago aleutiano.

Unas 300 millas de él quedan más allá de ese confín crítico y tienen, por tanto, longitud oriental. Attu, por ejemplo, está a 172,6° E. La isla más próxima por la izquierda a la marca de 180° es la de Semisopochnoi (recordad que las Aleutianas pertenecieron antes a Rusia), que alcanza una longitud de unos 179,85° E.

Semisopochnoi tiene la máxima longitud Este entre todas las tierras de nuestros 50 estados; si definimos Este y Oeste conforme al convenio del «primer meridiano», habremos, pues, de declararla la parte más oriental de los 50 estados. Desde ese punto de vista, Alaska es el estado más oriental, a la vez que el más occidental y septentrional.

Pero yo considero sumamente artificioso y exagerado ese criterio. Figuraos que estáis en la isla aleutiana Tanaga, a unos 179° O, y os preguntan dónde está la isla Semisopochnoi. ¿Señalaréis hacia ella diciendo: «a unas 100 millas hacia el oeste», o señalaréis en sentido opuesto diciendo: «a unas 13.900 millas hacia el este?».

Yo rechazo, pues, la definición de Este y Oeste basada en ese primer meridiano, de cuya elección convencional depende todo; y rechazo el acuerdo de contar los grados en ambos sentidos, desde «el primer meridiano», en vez de contarlos en uno solo, de 0° a 360°.

Rechazados esos criterios, yo insisto con toda energía en que el más oriental de los 50 estados es Maine.

(Claro que con todos los respetos para los amables lectores del gran estado de Alaska.)

Agua, agua por doquier

La única vez que me he permitido de mayor un viaje por mar no fue voluntario. Unos simpáticos sargentos hacinaron en un buque a una numerosa grey de jóvenes, vestidos de soldados; y uno de esos jóvenes era yo.

Yo no deseaba, en verdad, embarcarme, pues soy resueltamente hombre de tierra firme, y pensé decírselo a los sargentos. Pero parecían tan ajetreados con sus arduos deberes, tan melancólicos por tener que encargarse de la ingrata tarea de decirles a otros lo que tenían que hacer, que no me atreví, temiendo que, si se daban cuenta de que uno de los soldados se embarcaba sin gana ninguna, se echasen a llorar.

Pasé, pues, a bordo y emprendimos la travesía de San Francisco a Hawai en seis días.

No era un viaje de lujo. Las literas estaban en pilas de a cuatro y los soldados también. Imperaba el mareo, y aunque yo no me mareé ni una vez (¡palabra de novelista científico!), de poco me servía, cuando el vecino de encima tenía a bien marearse.

Mi peor desengaño lo experimenté la primera noche. Yo había estado aguantando todo el día el balanceo del buque, esperando paciente la hora de acostarnos. Llegó al fin, y al tenderme en mi nada lujosa litera, comprobé en seguida que tampoco de noche nos «desconectaban el mar». El buque siguió oscilando, inclinándose, izándose, virando, bamboleándose y haciendo toda clase de barbaridades toda aquella noche y las demás.

Podéis, pues, comprender que, entre unas cosas y otras, hice aquella travesía en torvo silencio, descollando entre todos por mi mal humor.

Excepto un día, el tercero, que llovió. Nada de particular, pensaréis. Mas recordad que yo soy hombre de tierra; nunca había visto llover en el mar, ni había pensado que lloviese. Y ahora lo veía: un escandaloso despilfarro de agua. Toneladas de ella precipitándose inútilmente; agua sobre infinidades oceánicas de agua.

La idea de la esterilidad de aquello, de la ineficiencia y absoluta ridiculez de una organización planetaria que permitía llover en el océano, me obsesionó de tal modo que rompí a reír. La risa aumentó mi regocijo, y a los pocos instantes me encontré tendido en la cubierta, gritando frenéticamente y agitando brazos y piernas con loca alegría y empapándome de lluvia.

Alguien –acaso un sargento– se me acercó y dijo con calurosa y amable simpatía: «¿Qué diablos le pasa a usted, soldado? ¡En pie inmediatamente!».

Y yo sólo pude articular: «Está lloviendo. ¡Lloviendo en el océano!».

Pasé el día riéndome entre dientes de la lluvia, y aquella noche las literas inmediatas a la mía quedaron desocupadas. Debió correrse la voz (supongo) de que yo estaba loco y podía volverme homicida en cualquier momento.

Pero después he comprendido muchas veces que no debería haberme reído; debería haber llorado.

Aquí, en los Estados del Nordeste, estamos padeciendo una grave sequía; y cuando recuerdo aquella lluvia en el océano pienso lo bien que nos vendría un poquito de ella en determinadas partes de la tierra firme, me dan ganas de llorar, aun hoy mismo.

Me consolaré, pues, lo mejor que pueda, hablando acerca del agua.

Realmente la tierra no está escasa de agua, ni lo estará nunca. Al contrario, corremos constante y grave peligro por exceso de agua, si continúa la racha de calentamiento y se funden los casquetes polares.

Pero no nos preocupemos ahora de dicha fusión. Consideremos sólo la provisión mundial de agua. Para empezar, tenemos el océano. Uso ese nombre en singular porque realmente hay un solo océano mundial; una capa continua de agua salada, en la cual están puestos los continentes, como grandes islas.

La extensión de ese océano único es de 361.250.000 km^2, y la superficie total del planeta mide 510.000.000 km^2. Veis, pues, que el océano mundial cubre el 71 por cien de la superficie terrestre.

El océano se ha dividido arbitrariamente en varios, en parte porque en la época de las primitivas exploraciones el hombre no estaba seguro de que hubiese un solo océano (eso no quedó demostrado del todo hasta que Magallanes «circunnavegó» el mundo, de 1519 a 1522) y en parte porque los continentes dividen, en efecto, el océano mundial en partes comunicantes, que conviene distinguir con nombres distintos.

Es tradicional hablar de los «siete mares», y, efectivamente, mi globo y todos mis atlas dividen el océano único en siete océanos: 1.º Pacífico Norte, 2.º Pacífico Sur, 3.º Atlántico Norte, 4.º Atlántico Sur, 5.º Índico, 6.º Glacial Ártico y 7.º Glacial Antártico.

Además hay mares más pequeños y bahías y golfos; partes de océano casi rodeadas de tierras, como el mar Mediterráneo y el golfo de México; o separadas del océano por una fila de islas, como el mar Caribe y el mar Meridional de la China.

Simplificaremos todo lo posible esta ordenación. En primer lugar consideraremos todos los mares, bahías y golfos como partes del océano con que comunican. Contaremos el Mediterráneo, el golfo de México y el mar Caribe como partes del océano Atlántico Norte; y el mar Meridional de la China, como parte del Pacífico Norte.

Segundo: no hay razón geofísica para distinguir el Pacífico Norte del Pacífico Sur, ni el Atlántico Norte del Sur. (La línea divisoria convencional es, en ambos casos, el Ecuador.) Hablaremos de un solo océano Pacífico y de un solo Atlántico.

Tercero: si miráis un globo, veréis que el océano Glacial Ártico no es un verdadero océano aparte; es una prolongación del Atlántico, al cual le une un pasillo de miles de kilómetros de anchura, el mar Noruego, entre Groenlandia y Noruega. Uniremos, pues, el océano Glacial Ártico al Atlántico.

Cuarto: no existe el océano Antártico. Lo llamado así es una zona líquida que circunda la Antártida, y es la única parte del globo en que se puede dar vuelta al mundo, siguiendo un paralelo, sin encontrar obstáculos de tierras ni capas heladas*. Sin embargo, esta faja marítima sólo está separada por límites convencionales, por el Norte, de los grandes océanos. Repartiendo entre ellos el océano Antártico, suprimiremos fronteras arbitrarias.

Así, el océano mundial queda dividido sólo en tres muy grandes: el Pacífico, el Atlántico y el Índico.

Mirando un globo terráqueo advertiréis que el océano Pacífico y el Atlántico se extienden de las regiones polares del norte a las del sur. Por el norte, la frontera entre ellos está bien definida, pues sólo hay comunicación por el angosto

---

* Así definido, el océano Antártico es mucho más vasto que el «Glacial Antártico», que tiene por límite septentrional exacto el Círculo Polar Antártico y en el cual es imposible la circunnavegación aquí descrita, porque la impediría la península Antártica. *(N. del T.)*

estrecho de Bering, de Alaska a Siberia. A través de él puede trazarse una corta frontera arbitraria, de unos 90 kilómetros de longitud, para separar ambos océanos.

Por el sur, la frontera está peor definida. Hay que trazar una recta arbitraria a través del estrecho de Drake, desde la punta meridional de Sudamérica hasta la septentrional de la península de Palmer. Esa frontera mide unos 970 kilómetros.

El océano Índico es «achaparrado». Su «estatura» abarca sólo desde el trópico de Cáncer hasta la Antártida. Algo lo compensa con ser más ancho que el Atlántico, el cual es «alto y delgado». El Índico está menos netamente separado de los otros océanos. Dos arcos de meridiano, desde las puntas meridionales de África y Australia hasta la Antártida, separarán el Índico, respectivamente, del Atlántico y del Pacífico. El primero de esos arcos mide unos 4.000 kilómetros y el segundo unos 2.900; de modo que la demarcación resulta un tanto vaga; pero ya os advertí que, en realidad, hay un solo océano. También el archipiélago indonésico separa el Pacífico del Índico.

Usando esos límites, las extensiones de los tres océanos vienen dadas, en números redondos, en la tabla 7.

Tabla 7. Extensión de los océanos

	Extensión en km^2	% total de océanos
Pacífico	176.000.000	48,7
Atlántico	107.500.000	29,8
Índico	77.500.000	21,5

Como veis, el océano Pacífico es tan grande como el Atlántico y el Índico juntos. Es, sólo él, un 20 por 100 mayor que todas las tierras reunidas; ¡una ingente masa de agua!

Bien lo veía yo cuando crucé ese océano (bueno, la mitad al menos). Eso que también comprendía que, al mirar toda aquella masa de agua, «no veía más que la superficie».

Y el Pacífico no sólo es el más extenso de los océanos, sino también el más profundo, con unos 4,2 kilómetros de profundidad media. Para que comparéis, la media del Índico es de unos 3,9 kilómetros, y la del Atlántico «sólo» de unos 3,4. Podemos, pues, calcular los volúmenes de los tres en la tabla 8.

Tabla 8. Volúmenes de los océanos

	Extensión en km^2	% total de océanos
Pacífico............	738.900.000	52,2
Atlántico............	362.600.000	25,7
Índico................	312.600.000	22,1

Como veis, el agua del océano viene a repartirse entre los tres en la proporción 2:1:1.

Este volumen total de 1.414 millones de km^3 es gigantesco. Supone 1/800 del volumen total de la tierra, fracción sumamente respetable. Si se acumulase en una esfera, su diámetro mediría unos 1.290 kilómetros; mayor, pues, que cualquier asteroide del sistema solar, y probablemente mayor que todos los asteroides juntos.

No hay, pues, escasez de agua. Si se repartiesen los océanos entre todos los pobladores de la tierra, cada hombre, mujer o niño tocaría a 0,42 km^3. Si pensáis que no es mucho: «menos de medio miserable kilómetro cúbico», considerad que eso equivale a 420 millones de metros cúbicos.

Claro que el agua salada del mar es de usos limitados. Podemos nadar y navegar en ella, pero sin desalarla no sirve para beber, regar plantas, lavarse como es debido, ni para usarla con fines industriales.

Para tan vitales aplicaciones necesitamos agua dulce, y la cantidad disponible es mucho más limitada. El agua oceánica, incluyendo una insignificante cantidad contenida en lagos salados, asciende al 98,4 por 100 del agua total del mundo; y el agua dulce es el 1,6 por 100, o sea, unos 24.200.000 km^3.

No parece nada escaso eso; pero es que además el agua dulce existe en tres fases: sólida, líquida y gaseosa. (Permitidme un inciso para decir que el agua es la *única* sustancia abundante en el mundo que existe en las tres fases y la única que existe principalmente en la fase líquida. Todas las demás sustancias abundantes existen o sólo en estado gaseoso, como el oxígeno y el nitrógeno, o sólo en estado sólido, como la sílice y la hematites.) He aquí una tabla que muestra la distribución, entre las tres fases, del agua dulce existente en el mundo:

TABLA 9. EXISTENCIAS DE AGUA DULCE

	Volumen en km^3
Hielo	23.674.000
Agua dulce líquida	500.000
Vapor acuoso (volumen supuesto condensado)	14.200

La mayor parte del agua dulce existente no está a nuestro alcance, porque está aprisionada en forma de hielo. Claro que fundir el hielo es perfectamente posible y hasta fácil, pero queda el problema de la localización. Cerca del 90 por 100 del hielo del planeta está acumulado en el inmenso casquete sólido que cubre la Antártida y la mayor parte del resto en la capa menor que cubre Groenlandia. Lo demás (unos 834.000 km^3) está en glaciares de altas montañas, en pequeñas islas árticas y en mares polares helados. Con todo ese hielo es imposible contar.

Eso nos deja reducidos a menos de 520.000 km^3 de agua dulce, en estado líquido y gaseoso, que representan la parte más valiosa de los recursos de agua del planeta. Esta provisión de agua dulce está continuamente vertiendo al mar por los ríos, filtrándose al subsuelo y evaporándose al aire. Pero tales pérdidas son, a la vez, repuestas por la lluvia. Se calcula que la lluvia total en tierra firme, en todo el mundo, asciende a 125.000 km^3 al año. Eso significa que anualmente sólo se repone la cuarta parte de la provisión de agua dulce; y si no lloviese nada en ningún sitio, la tierra firme del mundo se secaría del todo en cuatro años, que tardarían en agotar el agua dulce la escorrentía, la filtración y la evaporación, supuesto constante su ritmo.

Si nos repartiésemos por igual el agua dulce del mundo, cada persona mayor o niño dispondría de 150.000.000 de litros; y podría gastar 38.000.000 al año, reponiéndolos con agua de lluvia.

Pero el agua dulce no está, ¡ay!, equitativamente repartida. Algunas regiones del mundo tienen mucha más de la que pueden gastar y otras regiones son áridas. La desigualdad es «temporal», tanto como «espacial», pues una región que un año está inundada puede padecer sequía al siguiente.

Los más importantes depósitos de agua dulce son los lagos. Claro que no todas las aguas rodeadas de tierra son dulces, sino sólo aquellas que tienen salida al mar; pues al desembocar en él, se llevan la sal que traen de tierra las aguas que vierten al lago. Cuando éste no tiene tal desagüe, sólo puede perder agua por evaporación, pero las sales disueltas no se evaporan; se acumulan, pues, las que van trayendo disueltas los ríos que vierten al lago y éste resulta de agua salada, a veces mucho más que la del mar.

Por ejemplo, la mayor masa de agua rodeada de tierra en el mundo, el mar Caspio, situado entre la Unión Soviética y el

Irán, no es de agua dulce. Mide 438.700 km² –la extensión aproximada de California– y tiene 5.420 kilómetros de costas.

Se afirma a veces que el mar Caspio no es un mar, sino un lago, aunque muy grande; pero a mí me parece que lagos deberían llamarse sólo las masas interiores *de agua dulce*. Si entendemos por «mar» agua salada, oceánica o no, el Caspio es un verdadero mar.

Eso que sólo tiene 0,6 por 100 de sal (comparad con el 3,6 por 100 de sal de los océanos); pero ya es bastante para hacer impotables sus aguas, salvo en el rincón noroeste, en que descarga sus aguas dulces el Volga.

Unos 240 kilómetros al este del Caspio está el mar Aral, que tiene como un 1,1 por 100 de sal, doble que el mar Caspio, pero que es mucho menos extenso, pues sólo cubre unos 67.000 km² de superficie, aunque eso le basta para ser el cuarto del mundo en extensión entre las masas de agua interiores.

Hay otras dos masas interiores notables de agua salada. Una es el Gran Lago Salado, que yo creo muy preferible llamar mar de Utah, ya que no es grande ni, según mi definición, lago. Y la otra, el mar Muerto. El Gran Lago Salado sólo tiene 3.900 km² de superficie y el mar Muerto es menor aún: de 950 km², no mucho más, realmente, que los seis distritos de Nueva York (ciudad).

No obstante, esos dos depósitos, relativamente pequeños, de agua tienen importancia por su extremada salinidad. El Gran Lago Salado tiene un 15 por 100 de sal, y el mar Muerto un 25 por 100, cuatro y siete veces, respectivamente, la salinidad del océano.

Pero considerar sólo la superficie de las aguas podría equivocarnos. Con datos de la profundidad podemos calcular el volumen de cada uno y su contenido total de sal[1]. (Véase tabla 10.)

---

1. Esa sal no es, en modo alguno, cloruro de sodio puro; pero eso no importa aquí.

TABLA 10. LOS MARES INTERIORES

	Profundidad media (pies)	Volumen (km³)	Sal contenida (millones)
Mar Caspio............	675	87.800	600.000
Mar Aral	53	1.083	13.000
Mar Muerto...........	1.080	313	86.500
Gran Lago Salado..	20	24	4.000

Como veis, el minúsculo mar Muerto no es tan insignificante, después de todo. Tiene mucha más agua que el Gran Lago Salado y 6,5 veces más sal que el mar Aral, mucho mayor en apariencia.

Pero volvamos a los lagos verdaderos, las masas interiores de agua dulce. El mayor de ellos en superficie es el lago Superior, casi tan grande como el estado de Carolina del Sur. Suele asignársele el segundo lugar en extensión entre las masas de agua interiores del mundo, aunque, como demostraré, no le corresponde realmente. Desde luego es un segundo muy inferior al primero, pues cubre menos de un quinto de la extensión del Caspio; pero recuérdese que el Superior es de agua dulce.

El lago Superior es uno de los cinco «grandes lagos norteamericanos» que suelen considerarse como masas de agua independientes, pero que están vecinas e intercomunicadas, de modo que procede considerar que forman un solo depósito enorme de agua dulce. (Véanse datos en la tabla 11.)

Tomados como uno solo, como se debería, los grandes lagos norteamericanos tienen poco más de la mitad de la superficie y del volumen del mar Caspio, y contienen como un décimo del agua dulce de todo el mundo.

Tabla 11. Grandes lagos de Norteamérica

	Extensión (km²)	Profundidad media (pies)	Volumen (km³)	Número de orden por tamaños
Superior	82.410	900	22.500	2
Hurón	59.600	480	8.750	5
Michigan	58.000	600	10.840	6
Erie	24.740	125	1.000	12
Ontario	19.530	540	3.210	14
Total	244.280		46.300	

El único otro grupo de lagos que se puede comparar, aunque de lejos, con éste es una serie de ellos parecida, pero mucho más separados, del África Oriental. Los tres mayores son el Victoria, el Tanganyka y el Nyasa, que aglutinaremos en el sistema llamado «grandes lagos africanos». (Véase tabla 12.)

Tabla 12. Grandes lagos africanos

	Extensión (km²)	Profundidad media (pies)	Volumen (km³)	Número de orden por tamaños
Victoria	67.860	240	5.000	3
Tanganyka .	32.890	1.900	18.760	8
Nyasa	28.490	1.800	15.840	10
Total	129.240		39.600	

Los grandes lagos africanos son notables, al menos dos de ellos, por su profundidad; así que, aunque sólo ocupan una extensión algo mayor de la mitad que los americanos, el volumen de agua que contienen casi compite con el de nuestros lagos, mayores, pero más superficiales.

Pero hablando de lagos profundos, es obligado mencionar el Baikal, al sur de la Siberia central. Por su extensión de 33.930 km^2 es el séptimo entre los depósitos de agua interiores del mundo. Pero por su profundidad media, de 2.300 pies, es el más profundo de todos. Su profundidad máxima llega a 4.982 pies, cerca de una milla. Tan profundo es, que tengo oído que es el único lago que contiene lo equivalente a peces de profundidades oceánicas en agua dulce.

Con esa profundidad media, el Baikal contiene 24.000 kilómetros cúbicos de agua dulce; más que el Superior.

Con categoría de «grandes lagos» ya sólo quedan tres en el Canadá occidental. De su profundidad puede decirse que no hay estadísticas; yo sólo tengo datos de la profundidad máxima de dos de ellos; del tercero, nada en absoluto. Sin embargo, haré una estimación, que espero resulte razonable, sólo para tener una idea de las cosas. La encontraréis en la tabla 13.

TABLA 13. GRANDES LAGOS CANADIENSES

	Extensión (km^2)	Profundidad media (pies)	Volumen (km^3)	Número de orden por tamaños
Gran Lago de los Osos	31.600	240	2.184	9
Gran Lago del Esclavo	27.760	240	2.126	11
Lago de Winnipeg.	24.500	50	375	13
Total	83.860		4.685	

Ahora estamos ya en condiciones de poner los depósitos internos de agua por orden de tamaños reales; de agua contenida, mejor que de extensión superficial. Cierto que la extensión superficial de cualquier lago puede evaluarse con buena exactitud, mientras que el agua contenida sólo puede estimarse con tosca aproximación; y eso explica la costumbre de ordenarlos por extensiones superficiales. Mas yo los ordenaré a mi modo. He aquí, en la tabla 14, los catorce de mayor extensión superficial, por orden de volumen líquido:

TABLA 14. LOS GRANDES LAGOS DE LA TIERRA

	Volumen en km^3
Caspio [2]	90.030
Baikal	24.000
Superior	22.510
Tanganyka	18.760
Nyasa	15.840
Michigan	10.840
Hurón	8.750
Victoria	5.000
Ontario	3.210
Gran Lago de los Osos	2.184
Gran Lago del Esclavo	2.126
Aral [2]	1.080
Erie	1.000
Winnipeg	375

Esa lista no sólo es muy imprecisa, con varias cifras tan poco exactas que carecen de valor; por añadidura hay lagos menos extensos que el menor de ellos, pero lo bastante profundos para merecer lugar en dicha relación, delante del

---

2. Agua no dulce.

Winnipeg; a saber, el Ladoga y el Onega al noroeste de la Rusia europea y el Titicaca en los Andes, entre Bolivia y Perú.

Pero, ¿qué más da? Tanto charlar del agua no alivia en absoluto la sequía del nordeste. En efecto, el nivel de los grandes lagos americanos viene experimentando un descenso alarmante en los años recientes, y hasta el Caspio está descendiendo.

Quizá la vieja «Madre Tierra» vaya cansándose de nosotros... En mis momentos de peor humor, dudo yo poder tomarle a mal que se canse.

Alturas y depresiones terrestres

Boston sube cada vez más y existe ya el llamado «Nuevo Boston».

Lo más característico de Nuevo Boston es el Centro Prudencial (porción de la bahía), que ha sido reconstruido con lujo neoyorkino. Posee un hotel moderno, el Sheraton-Boston, y más imponente aún, un hermoso rascacielos: la Torre Prudencial, de 52 pisos y 750 pies de altura.

Pisé yo el «Centro» por vez primera en el verano de 1965. Me pidieron participar en una mesa redonda acerca del porvenir de la organización industrial. La mesa se celebró en el Sheraton-Boston, en condiciones fastuosas; y después de la subsiguiente comida, el gerente del hotel proclamó, en un breve discurso, que la Torre Prudencial era el edificio comercial más alto del continente americano.

Manifestamos asombro y él explicó en seguida que sí; que había ciertamente edificios comerciales más altos, no lejos de Boston; pero que no estaban en la América continental, sino en una isla, fuera del continente: la isla llamada Manhattan.

Y tenía razón. Fuera de la isla de Manhattan no hay, por el momento en Norteamérica, ningún edificio más alto que la Torre Prudencial, ni quizá en el mundo entero.

Esto me hizo pensar en seguida que podríamos hacer muchos concursos, si sois como yo coleccionistas de datos numéricos. Nos bastaría ir matizando debidamente las condiciones, al comparar. Mucho antes de terminar su discurso el gerente, ya estaba yo comparando montañas...

Nadie ignora el nombre de la montaña más alta del mundo. Es el monte Everest, situado en la cordillera del Himalaya, en el borde mismo entre Nepal y el Tíbet.

Debe ese nombre al ingeniero militar inglés George Everest, que dedicó muchos de sus años maduros a medidas geodésicas en Java y la India, y que de 1830 a 1834 dirigió todas las operaciones geodésicas del Indostán. En 1852, al descubrirse al norte una montaña, que en seguida se sospechó que era «el campeón» de altura, se le dio su nombre. Además esa palabra es más fácil de pronunciar que el nombre tibetano «Chomolungma».

Suelen los libros atribuirle al Everest la altura de 29.002 pies sobre el nivel del mar, primer valor obtenido en 1860; pero creo que las más recientes triangulaciones dan 29.141 pies. En todo caso, la cima del monte Everest es la única parte de la corteza terrestre que sobresale del nivel del mar más de 29.000 pies; así que ese monte se cualifica ciertamente como algo singular. En otras unidades, el Everest sobresale del nivel del mar algo más de 5,5 millas, y ninguna otra tierra alcanza siquiera esas 5,5 millas de elevación.

Pero fuera de los países anglosajones, las alturas de las montañas suelen medirse en metros y no en pies ni en millas. El metro tiene 3,28 pies; luego el monte Everest está a 8.886 m sobre el nivel del mar.

Esto suscita la pregunta inmediata: ¿Cuántas otras montañas cumplen la «altísimamente aristocrática» condición de pasar los 8.000 m de altura sobre el nivel del mar? Bien pocas: trece sólo. Helas en la tabla 15.

Tabla 15. Montañas con más de 8.000 metros

Montañas	Pies	Millas	Metros
Everest	29.141	5,52	8.886
Godwin Austen (o K2)	28.250	5,36	8.613
Kanchenjunga	28.108	5,33	8.570
Lhotse	27.923	5,29	8.542
Makalu	27.824	5,28	8.510
Dhaulagiri	26.810	5,10	8.175
Manaslu	26.760	5,06	8.159
Cho Oyu	26.750	5,06	8.155
Nanga Parbat	26.660	5,05	8.125
Annapurna	26.504	5,03	8.080
Gasherbrum	26.470	5,02	8.075
Broad	26.400	5,00	8.052
Gosainthan	26.291	4,98	8.016

De estos trece «próceres», todos menos cuatro están en la cordillera del Himalaya, extendidos en un espacio de poco más de 300 millas. El más alto fuera del Himalaya es el llamado K2 o monte Godwin Austen, nombre de otro inglés, Henry Haversham Godwin Austen, que en el siglo XIX se dedicó a triangulaciones en la India. Hace poco que recibió el monte ese nombre oficial; antes se llamaba sencillamente K2. Los indígenas lo llaman Dapsang. Se encuentra a unas 800 millas al NO del Everest y demás torres del Himalaya. Es la cumbre más elevada de la cordillera del Karakorum, que corre entre Cachemira y Sinkiang.

Los trece con más de 8.000 m están en Asia, situados en las tierras que separan la India de China. Eso ocurre, en realidad, no sólo con los trece más altos del mundo, sino con los sesenta más altos, ¡¡¡por lo menos!!! Así que esa región es ideal para el alpinismo.

Y de todas las cumbres, el Everest era la ideal para escalarla. El primer intento serio se hizo en 1922; tras los esfuerzos de una generación entera, se perdieron en aquellas laderas once vidas, sin ningún éxito. Por fin, el 29 de mayo de 1953, el neozelandés Edmund Percival Hillary y el sherpa Tenzing Norgay consiguieron escalarla. Después lo lograron también otros.

Creeréis que, vencido el Everest, no iba a resistirse a los escaladores ninguna otra cumbre. Pero no es así. El Everest mereció muchos mayores esfuerzos que las demás cimas. Por ahora (si no se ha colado alguno hacia arriba, cogiéndome distraído) el pico más alto no escalado aún es el Gosainthan, precisamente el más bajo del grupo.

Fuera de Asia, la cordillera más alta son los Andes, que orlan todo el borde occidental de Sudamérica. Su cumbre más alta es el Aconcagua, 22.834 pies de altura. Aunque es la cima más elevada fuera de Asia, no olvidemos que en dicho continente hay veintenas de cumbres más altas.

Para nuestros archivos, en la tabla 16 reseño la cumbre más elevada de cada continente. Para consolar mi honrilla nacional y regional, he incluido la cumbre más alta de nuestros 28 «estados contiguos» y la de Nueva Inglaterra*. (Yo hago lo que quiero; para eso soy el autor del artículo.)

El Aconcagua está en la Argentina, muy cerca de la frontera de Chile, sólo 100 millas al este de Valparaíso.

El McKinley está al sur de la Alaska central, unas 150 millas al SO de Fairbanks. Sucedió que la tierra más alta de Norteamérica fue descubierta en 1896, recién elegido presidente McKinley; por eso se le aplicó su nombre. Los rusos, dueños de Alaska hasta 1867, llamaban al monte «Bolshaya» ('grande').

---

* Conjunto de media docena de estados, del NE de la Unión. *(N. del T.)*

TABLA 16. LAS CUMBRES MÁS ALTAS POR REGIONES

Región	Monte	Pies	Millas	Metros
Asia..........................	Everest	29.141	5,52	8.886
Sudamérica.............	Aconcagua	22.834	4,34	6.962
Norteamérica.........	McKinley	20.320	3,85	6.195
África.......................	Kilimanjaro	19.319	3,67	5.890
Europa.....................	Elbrus	18.481	3,50	5.634
Antártida................	Macizo de Vinson	16.860	3,19	5.080
Estados contiguos (EE.UU.)..............	Whitney	14.496	2,75	4.419
Australia.................	Kosciusko	7.328	1,39	2.204
Nueva Inglaterra....	Washington	6.288	1,19	1.918

El Kilimanjaro está al NE del lago Tanganyka, cerca de la frontera con Kenia, y a unas 200 millas del océano Índico. El Elbrus en la cordillera del Cáucaso, unas 60 millas al nordeste del mar Negro.

Del macizo de Vinson no sé prácticamente nada. Hasta su altura es sólo una tosca estimación.

El Whitney está en California, en el borde oriental del Parque Nacional de las Secuoyas. Queda sólo 80 millas al oeste del Valle de la Muerte, en el cual se encuentra el punto más bajo de los 48 Estados (un charco llamado «Malas Aguas» –y bien malas serán–, 280 pies bajo el nivel del mar). El monte Whitney toma su nombre del geólogo norteamericano Josiah Dwight Whitney, que midió su altura en 1864.

El monte Kosciusko está en el rincón sudeste de Australia, en el límite entre los estados de Victoria y Nueva Gales del Sur. Es la cima más alta de la cordillera llamada Alpes Australianos. Supongo que sería descubierto a finales del siglo XVIII, cuando el patriota polaco Tadeusz Kosciusko estaba capitaneando la última campaña, perdida, por la independencia de Polonia. Pero no estoy seguro.

El monte Washington está en la cordillera Presidencial, al norte de New Hampshire, y es obvio de quién toma el nombre.

El haber ordenado las cimas altas por continentes no quiere decir que todas estén en masas continentales. En efecto, Australia, que suele pasar por ser un continente, aunque pequeño, no tiene montañas altas; en cambio, al norte de ella, Nueva Guinea, isla sin duda, aunque grande, es mucho más montañosa, con docenas de alturas superiores a las del continente australiano, y algunas muy respetables, comparadas con cualquiera. La tabla 17 contiene cuatro islas del Pacífico notablemente montañosas.

Tabla 17. Cumbres isleñas notables

Isla	Monte	Pies	Millas	Metros
Nueva Guinea..........	Carstensz	16.404	3,12	5.000
Hawai.....................	Mauna Kea	13.784	2,61	4.200
	Mauna Loa	13.680	2,59	4.171
Sumatra.................	Kerintji	12.484	2,36	3.807
Nueva Zelanda	Cook	12.349	2,34	3.764

El monte Carstensz, el más alto no continental del mundo, no sé de quién toma su nombre, pero está en la parte occidental de Nueva Guinea, y forma parte de la cordillera de Nassau, así llamada por la familia real holandesa. Supongo que a estas horas, Indonesia habrá dado otros nombres al monte y la cordillera, o más probablemente les habrá devuelto los nombres indígenas; pero ignoro cuáles serán ésos.

Monte Cook está un poco al oeste del centro de la Isla Sur, de Nueva Zelanda. Toma nombre, naturalmente, del célebre explorador capitán Cook, y en maorí se llama Aorangi.

Hasta ahora todas las alturas de las montañas están referidas al nivel del mar.

Mas, imitando al gerente del hotel Sheraton-Boston, extrememos la broma, sacándole punta al concurso.

Al cabo, la altura de una montaña depende mucho de la elevación de su base. Las cumbres del Himalaya son, con mucho, las más majestuosas del planeta; no cabe discutirlo; pero también es verdad que surgen de la meseta tibetana, que es la más alta del mundo. Las «tierras bajas» del Tíbet pasan todas de unos 12.000 pies sobre el nivel del mar.

Si restamos 12.000 pies de la altura del Everest, podemos decir que esa cima sólo está en 17.000 pies sobre la masa de tierras en que descansa.

Eso es, en verdad, despreciable; pero según ese nuevo criterio (distancia base-cima, no cima a nivel del mar), ¿hay montes más altos que el Everest? Sí que los hay, y el nuevo campeón no está en el Himalaya, ni en Asia, ni en continente ninguno.

Lo cual, al cabo, es lógico. Suponed una montaña en una isla relativamente pequeña. Esa isla podría ser *la montaña*, de aspecto menos imponente por tener su base en lo profundo del mar, el cual ocultaría, quién sabe hasta qué altura, sus laderas.

Tal es, efectivamente, el caso de cierta isla, la de Hawai, que es la mayor del archipiélago hawaiano. Con su extensión de 4.021 millas cuadradas (como el doble de Delaware) es en realidad una enorme montaña, que surge del Pacífico. Presenta cuatro picos, y los dos más altos son el Mauna Kea y el Mauna Loa (véase la tabla 17).

La montaña que parece isla es en realidad un volcán, pero en su mayor parte extinguido. Sólo permanece activo en Mauna Loa. Es ya de por sí la mayor montaña aislada del mundo, en volumen de rocas; conque imaginaos lo grande que será la montaña entera, encima y debajo del nivel del mar.

La caldera central del Mauna Loa está a veces activa, pero en los tiempos históricos jamás ha llegado a lanzar lava: la deja desbordarse por aberturas de sus laderas. La abertura mayor es el Kilauea, en la parte oriental de Mauna Loa, a unos 4.088 pies (0,77 millas o 1.240 m) sobre el nivel del mar. El Kilauea es el mayor cráter activo del mundo. Tiene más de dos millas de diámetro.

Como si no fuesen suficientes esos detalles, la formidable montaña de cuatro picos que llamamos Hawai resulta aún más portentosa vista en conjunto. Al sondear las profundidades oceánicas, se encuentra Hawai asentada sobre una base de tierras, hundidas más de 18.000 pies bajo el nivel del mar.

Si desapareciesen del mundo los océanos (sólo temporalmente, tranquilizaos), ninguna montaña de la tierra podría compararse en subyugadora majestad con el coloso hawaiano. Sería con mucho la montaña más alta de la tierra, midiendo de base a cúspide, pues alcanzaría 32.036 pies (6,08 millas o 9.767 m). Es la única montaña del mundo que abarca más de 6 millas de base a cumbre.

La desaparición del océano revelaría una montaña semejante, aunque menor, en el Atlántico, perteneciente a la cordillera Centro-Atlántica. En general, no advertimos la presencia de esa cordillera porque está sumergida en el océano; pero es más ancha, larga e imponente que cualquier cordillera de tierra firme, incluso que el Himalaya. Tiene 7.000 millas de longitud y 500 de anchura, que ya es tener.

Algunos de sus más altos picos consiguen asomar la cabeza al aire del Atlántico. Así se forman las Azores, archipiélago de nueve islas y varios islotes, perteneciente a Portugal, del que dista unas 800 millas al oeste. Suma una extensión total de 888 millas cuadradas, algo menos que Rhode Island*.

---

* El menor de los Estados de la Unión en Nueva Inglaterra. *(N. del T.)*

En la «isla de Pico» de las Azores está la cima más alta del archipiélago. Es «Pico Alto», que se alza 7.460 pies (1,42 millas o 1.274 m) sobre el nivel del mar. Pero si os deslizáis laderas abajo, zambullidos en el mar, hasta el fondo, advertiréis que sólo sobresale del agua la cuarta parte del monte.

La altura total de Pico Alto, desde la base submarina hasta la cumbre, es de unos 27.500 pies (5,22 millas o 8.384 m); tiene, pues, casi las proporciones del Himalaya.

Aprovechando que los océanos están secos, por unos minutos, nos vendría bien explicar sus mayores profundidades.

Aproximadamente el 1,2 por 100 del fondo del mar está a más de 6.000 m bajo la superficie, y eso ocurre donde se encuentran las llamadas «fosas». Hay varias, la mayor parte en el océano Pacífico. Todas están junto a cadenas de islas; y probablemente los mismos procesos que excavan los surcos levantan también sus cadenas de islas.

La tabla 18 contiene las máximas profundidades, registradas hasta ahora en esas fosas, según los datos de que dispongo.

Tabla 18. Algunas profundidades oceánicas

Fosa	Situación	Pies	Millas	Metros
Barlett.........	S de Cuba	22.788	4,31	6.948
Java.............	S de Java	24.442	4,64	7.252
Pto. Rico.....	N de Puerto Rico	30.184	5,71	9.392
Japón..........	S del Japón	32.153	6,09	9.800
Kuriles........	E de Kamchatka	34.580	6,56	10.543
Tonga.........	E de Nueva Zelanda	35.597	6,75	10.853
Marianas....	E de Guam	35.800	6,79	10.915
Mindanao...	E de Filipinas	36.188	6,86	11.036

Naturalmente, las cifras de las profundidades de los hoyos no son, en modo alguno, tan fidedignas como las de altura de montañas; cualquier día un buque oceanográfico puede sondear profundidades mayores, en uno o varios hoyos. La máxima profundidad registrada en la fosa de Mindanao y en el mundo no se sondeó hasta marzo de 1954, por el navío oceanográfico ruso *Wityaz*.

La mayor profundidad de la fosa de las Marianas fue alcanzada *literalmente* por J. Piccard y Don Walsh *en persona*, el 23 de enero de 1960, en el batiscafo *Trieste*. Ésta ha sido llamada la «fosa del Challenger», en honor al navío oceanográfico *Challenger*, que de 1872 a 1876 realizó un crucero científico por todos los océanos del mundo fundando la oceanografía moderna.

En todo caso, más profundo es el mar que altas las montañas, extremo que quiero resaltar con varias ilustraciones.

Consideremos la máxima profundidad de la zanja de Mindanao. Si situásemos en ella el monte Everest reposando en su fondo, quedaría completamente sumergido, y las aguas rebosarían 7.000 pies ($1^1/_3$ de millas) sobre su cumbre. Si trasladásemos la isla de Hawai desde su presente situación, 4.500 millas al oeste, y la hundiésemos en la fosa de Mindanao, desaparecería completamente también y sobre su cima quedarían 4.162 pies ($^4/_5$ de millas) de agua.

Respecto al nivel del mar, el punto más bajo de la superficie sólida terrestre está junto a las Filipinas, a unas 3.200 millas al este del punto más alto, en la cumbre del Everest. El desnivel total es de 65.339 pies (12,3 millas o 19.921 metros).

Eso suena a mucho, pero el diámetro de la tierra mide unas 7.900 millas, así que ese desnivel supone sólo un 0,15 por 100 de dicho diámetro. Si la tierra se contrajera al tamaño del globo de mi biblioteca (40 cm de diámetro), el pico del Everest sobresaldría sólo 0,29 mm de la superficie, y la fosa de Mindanao quedaría sólo 0,36 milímetros por debajo de ella. Ved, pues, como a pesar de esos mayores altibajos que venimos describiendo, la superficie de la tierra es muy lisa en relación con su tamaño. Y lisa seguiría aunque desapareciesen los océanos, dejando al descubierto las desigualdades de su fondo. Con los mares rellenando la mayor parte de los huecos terrestres y escondiendo las rugosidades más ásperas, las visibles nada significan.

Pero pensemos de nuevo en el nivel del mar. Si la tierra constase de un océano universal, tomaría la forma de un elipsoide de revolución, a causa de su movimiento rotatorio. Por diversas razones no sería un elipsoide perfecto: habría desviaciones de algunos pies aquí y allá; pero tales discrepancias son de un interés puramente académico, y para nuestros fines podemos conformarnos con un elipsoide.

Esto significa que si dividiésemos la tierra por un plano, trazado por los polos, el contorno de la sección sería una elipse. El eje menor, o mínimo radio posible de la tierra, iría del centro a cualquiera de los polos y mediría 6.356.912 m. El radio máximo, o eje mayor, iría del centro a cualquier punto ecuatorial y mediría 6.378.388 m (por término medio, si tenemos en cuenta que el mismo ecuador es ligeramente elíptico).

El nivel del mar en el ecuador dista, pues, del centro 21.476 m (70.000 pies o 13,3 millas) más que en el polo. Eso es el conocido «abultamiento ecuatorial». Pero no sólo en el ecuador hay abultamiento. La distancia al centro, de la superficie del mar, aumenta gradualmente, según vamos del polo al ecuador. Desgraciadamente nunca he visto datos del exceso del radio, a las distintas latitudes, sobre su longitud mínima o polar.

Tuve, pues, que calculármelo yo mismo, a partir de la variación del campo gravitatorio con la latitud*. (Del cam-

---

* Parece una broma de Asimov que esos abultamientos estén calculados así. Los da directamente la sencillísima expresión $21.400 \times \cos^2\varphi$, siendo φ la latitud. Los datos de gravedad, ni son necesarios ni sirven para gran cosa. *(N. del T.)*

po gravitatorio sí que encontré valores.) Mis resultados, que espero sean aproximadamente correctos, vienen en la tabla 19.

Tabla 19. Abultamiento de la Tierra

Latitud	Exceso de longitud del radio terrestre		
	Pies	Millas	Metros
0° (ecuador)	70.000	13,3	21.400
5°	69.500	13,2	21.200
10°	68.000	12,9	20.800
15°	65.600	12,4	20.000
20°	62.300	11,8	19.000
25°	58.000	11,0	17.700
30°	52.800	10,0	16.100
35°	47.500	9,0	14.500
40°	41.100	7,8	12.500
45°	35.100	6,65	10.700
50°	29.000	5,50	8.850
55°	23.200	4,40	7.050
60°	17.700	3,35	5.400
65°	12.500	2,37	3.800
70°	8.250	1,56	2.500
75°	4.800	0,91	1.460
80°	2.160	0,41	660
85°	530	0,10	160
90° (polos)	0	0	0

Supongamos ahora que medimos alturas de cumbres, no sobre el nivel de un mar cualquiera, sino sobre el del mar polar. Eso nos serviría para comparar *distancias al centro de la tierra*, y ciertamente ése es otro modo legítimo de comparar alturas de montañas.

Si hacemos eso, las cosas nos presentarán un aspecto totalmente nuevo y distinto.

Por ejemplo, la fosa de Mindanao penetra hasta 11.036 m bajo el nivel del mar; pero eso significa bajo el nivel del mar a su misma latitud, que es 10° N. Pero ese nivel del mar está 20.800 m sobre el del polo, de modo que la mayor profundidad de la fosa de Mindanao está todavía 9.800 m (6,1 millas) *sobre* el nivel del mar polar (!).

En otras palabras, cuando Peary estaba en el mar de hielo del Polo Norte se encontraba seis millas más próximo al centro de la tierra que si hubiese descendido en un batiscafo hasta el fondo de la fosa de Mindanao.

Claro que el océano Glacial Ártico tiene su propia profundidad. Creo que en él se han medido profundidades de 4.500 m (2,8 millas). Eso significa que el fondo del océano Ártico está casi nueve millas más cerca del centro de la tierra que el fondo de la fosa de Mindanao; y desde este punto de vista, tenemos un nuevo aspirante al título de «profundidad más profunda». Las regiones polares antárticas están ocupadas por el continente de la Antártida y quedan fuera de ese concurso.

¿Y las montañas?

El monte Everest está a unos 30° de latitud. Allí el nivel del mar queda 16.100 m más alto que en el polo. Añadídselos a los 8.886 m que está el Everest por encima de su propio mar y encontraréis que dicha cumbre está a unos 25.000 m (15,5 millas) sobre el nivel del mar polar. Pero sobre el nivel del mar ecuatorial sólo está 2,2 millas.

En otras palabras: cuando un barco está cruzando el ecuador, sus pasajeros sólo están 2,2 millas más cerca del centro de la tierra que Hillary cuando estaba en la cima del Everest.

¿Habrá montañas que ganan más que el Everest con este nuevo criterio? Las demás torres asiáticas tienen casi su misma latitud. También la tienen el Aconcagua y otras altas cumbres de los Andes; sólo que al otro lado del Ecuador.

El monte McKinley está a poco más de 60° N, así que el nivel de su mar supera sólo en 5.000 m al del polo. Su altura total sobre el océano Polar es sólo 11.000 m (7,0 millas); menos de la mitad de altura que el Everest.

¡No! Lo que necesitamos son montañas altas *cerca del ecuador*, donde puedan aprovechar plenamente el máximo bulto del vientre de la tierra. Un buen candidato es el más alto monte de África, el Kilimanjaro. Está a unos 3,0° S y tiene 5.890 m de altura. Sumados a los 21.300 de abultamiento sobre los que se alza, resultan 27.200 m sobre el nivel del mar polar (16,9 millas); es decir, casi milla y media más alto que el Everest, contando desde el centro de la tierra.

Pero tampoco es eso lo mejor. Mi candidato para el campeonato de alturas, así medidas, es el monte Chimborazo, en la República del Ecuador. Forma parte de la cordillera andina, que tiene lo menos treinta picos más altos que el Chimborazo. Pero éste está a 2,0° S, a 6.300 m sobre el nivel de su mar. Añadiendo el abultamiento ecuatorial, resulta una altura total de 27.600 m (17,2 millas) sobre el mar del polo.

Si partiendo del centro de la tierra recorremos esa altura, podemos pasar por el fondo del océano Ártico, y así aumentaremos esa altura en 4.500 m y resultarán 32.100 metros, o sea, unas 20 millas en números redondos. ¡Buen total!

Según el punto de vista tenemos, pues, tres montes campeones de altura: el Everest, el Mauna Kea y el Chimborazo. También el concurso de profundidad lo ganan dos fondos marinos: el del océano Ártico y el de la fosa de Mindanao.

Pero reconozcámoslo: lo que importa al alcanzar extremadas profundidades o alturas no es la simple distancia, sino la dificultad de recorrerla. Al sondear profundidades, la dificultad mayor es la creciente presión del agua; y al escalar cumbres, la mayor dificultad es la decreciente presión del aire.

Según ese criterio, como la presión del agua es máxima en el fondo de la fosa de Mindanao, y la presión atmosférica mínima en la cumbre del Everest, en la práctica éstos resultan los campeones.

Lo mismo que, con perdón de los bostonianos, el Empire State es el edificio comercial más alto de Norteamérica, aunque en estricto rigor no esté en el *continente* americano.

Las islas del mundo

Uno de los más simpáticos gajes del oficio de escribir ensayos científicos es la correspondencia que me deparan, casi invariablemente bienhumorada e interesante.

Considerad, por ejemplo, el capítulo anterior «Alturas y depresiones terrestres», en el cual sostengo que el Prudencial de Boston es el más alto edificio comercial del continente americano, aunque los hay más altos en la isla de Manhattan. En cuanto se publicó ese ensayo recibí una tarjeta de un residente en el Gran Boston, aconsejándome seguir hasta su nacimiento los ríos Charles y Neponset, y ver si Boston no puede ser considerado también una isla.

Seguí su consejo, y en cierto modo tenía razón. El río Charles corre al norte de Boston y el Neponset al sur. Al sudoeste de Boston distan ambos sólo dos millas y media, y entre ellos serpentea una corriente que los une; conque la mayor parte de Boston y trozos de algunos suburbios occidentales, incluso el que yo habito, están rodeados de agua por todas partes. La Torre Prudencial y también mi casa podría, pues, considerarlos un rigorista como situados en una isla.

¡Vaya!

Pero antes de espantarme, dejad que me pare a discurrir. Ante todo, ¿qué es una isla?

La palabra *island* ('isla', en inglés) viene del anglosajón *eglond*, que puede significar literalmente 'tierra de agua', es decir, 'tierra rodeada de agua'.

Dicha palabra anglosajona, experimentando con el tiempo cambios naturales, debió de llegar a nosotros como *eyland* o *iland*; pero se introdujo equivocadamente una «s», por la influencia de la palabra *isle*, que es sinónima de *island*, pero, aunque parezca extraño, no tiene relación etimológica con ella.

La palabra *isle* tenemos que buscarla en los tiempos clásicos. Los antiguos griegos, en su período de grandeza, eran gente navegante, que poblaban muchas islas del Mediterráneo, además de trozos de tierra firme. Ellos y sus sucesores los romanos estaban bien penetrados de la diferencia, evidentemente fundamental, entre ambos tipos de tierra. Para ellos una isla era una porción relativamente pequeña de tierra, rodeada por el mar. Por el contrario, la tierra firme de que formaban parte Grecia e Italia era tierra continua, sin término reconocido.

Es indudable que los geógrafos griegos suponían que las tierras eran finitas; que la tierra firme estaba rodeada por todas partes por un cerco marítimo; pero salvo por el oeste, eso era pura teoría. Por el oeste, pasado el estrecho de Gibraltar, el mar Mediterráneo se abría, en efecto, al vasto océano. Pero ningún griego ni romano logró viajar por tierra a Laponia, Sudáfrica o China, para alcanzar el borde de las tierras y ver el mar con sus propios ojos.

En latín la tierra firme era *terra continens*, 'tierra que abarca, que mantiene junto', de una pieza. La idea era que cuando uno viaja por ella, halla siempre otra parte de tierra que prolonga la atravesada. No había fin. La frase ha pasado a nosotros en la palabra «continente».

En cambio, un trozo de tierra que no está unido a la tierra firme, sino separado de ella y rodeado por el mar, era *terra in salo*, «tierra en el mar». Esto se abrevió a *insula* en latín, y por sucesivas etapas, a *isola* en italiano, *isle* en inglés e *île* en francés.

El significado estricto de la palabra *isle* (y, por extensión, de *island)* es «'tierra rodeada de agua *salada*'». Claro que eso era sin duda *demasiado estricto*. Colocaría a Manhattan en situación un tanto dudosa, ya que está limitada por el oeste por el río Hudson. Hay además trozos de tierra que suelen llamarse islas, englobados en lagos y ríos, es decir, rodeados de agua ciertamente; pero aun esas islas han de estar rodeadas de una amplitud de agua, bastante grande comparada con su tamaño. Nadie soñaría en llamar isla a una gran lengua de tierra separada de la costa por un canalillo. Luego Boston *no es* una isla, prácticamente hablando, y Manhattan *sí*.

Pero si hacemos eso, en la superficie terrestre no hay, en rigor, más que islas; no existen continentes en el sentido estricto de la palabra. La tierra firme nunca es infinita. El viajero veneciano Marco Polo alcanzó en 1275 el borde oriental de la tierra firme antiguamente conocida. En 1488 el navegante portugués Bartolomé Díaz alcanzó el borde meridional; y exploradores rusos señalaron el borde septentrional en el siglo XVII y principios del XVIII.

La tierra firme a que aquí me refiero suele considerarse como conjunto de tres continentes: Asia, Europa y África. Pero ¿por qué tres, si no hay más que una masa continental continua, prescindiendo de ríos y del canal artificial de Suez?

La pluralidad de continentes data de la época griega. Los griegos de tiempos homéricos estaban concentrados en la tierra firme de Grecia y conocían una segunda tierra firme, hostil, al este del Egeo. Los griegos primitivos no tenían razón para sospechar que ambas tierras firmes estaban enlazadas, y les dieron nombres diferentes; la suya era Europa y la otra Asia.

Esos nombres son de origen incierto, pero la teoría que más satisface afirma que proceden de las palabras semíticas *assu* y *erev,* que significan respectivamente 'Este' y 'Oeste'.

Los griegos pudieron tomar esos términos de los fenicios, por vía de Creta, como tomaron el alfabeto fenicio. La guerra de Troya de 1.200 años a.C. inicia la confrontación material del Occidente con el Oriente, la cual sigue en curso aún.

Claro que, desde muy pronto, los exploradores griegos tuvieron que aprender que, en realidad, había enlace por tierra entre ambas regiones. El mito de Jasón y los argonautas, y su búsqueda del vellocino de oro, refleja probablemente expediciones comerciales, anteriores a la guerra de Troya. Los argonautas alcanzaron Cólquides (que suele situarse en la extremidad oriental del mar Negro), donde se confundían ambos territorios.

En realidad hoy sabemos que hay unas 1.500 millas de tierra al norte del mar Negro, y un viajero puede pasar de una costa a otra del mar Egeo (de Europa a Asia y regreso) por esa unión de 1.500 millas. Por consiguiente, Europa y Asia son sólo continentes aparte por convenio geográfico; no existen en absoluto barreras reales entre ellos. Su masa conjunta suele llamarse Eurasia.

Los montes Urales se ponen, arbitrariamente, como límite entre ambos continentes en los libros de geografía. Eso es en parte porque representan una ligera interrupción, en una enorme llanura que se extiende más de 6.000 millas, desde Alemania al océano Pacífico; y en parte porque tiene sentido político considerar parte de Europa a Rusia, que hasta 1580 se reducía a la región al oeste de los Urales. No obstante, la parte asiática de Eurasia supera tanto a la europea, que Europa suele considerarse como una simple península de Eurasia.

África tiene mucho más de continente que Europa. Su único enlace por tierra con Eurasia es el istmo de Suez, que hoy tiene unas 100 millas de anchura y antiguamente era más estrecho.

Pero el enlace estaba allí y fue bien aprovechado. Hombres civilizados y también ejércitos lo atravesaron con frecuencia, en ambos sentidos, mientras que rara vez pasaban por el norte del mar Negro. Los griegos conocían el vínculo entre las naciones que ellos llamaban Siria y Egipto, y por eso consideraban a éste y a las tierras al Occidente de él como partes de Asia.

Los romanos eran caso distinto. Estaban más lejos del istmo de Suez, que en los primitivos tiempos de Roma sólo tuvo para ellos un interés académico. Se comunicaban con África exclusivamente por mar. Es más, así como los griegos se habían enfrentado con Troya, en tierras opuestas, separadas por el mar, también los romanos, mil años después, lucharon contra los cartagineses, en tierras opuestas, por el mar separadas. La lucha con Aníbal fue en todo tan vital para los romanos como la lucha contra Héctor había sido para los griegos.

Los cartagineses daban a la región que rodeaba a Cartago un nombre que pasó al latín como «África». Las mentes romanas extendieron ese nombre de la inmediata proximidad de Cartago (hoy el norte de Túnez) a todo el territorio que los romanos sentían tener en contra. Por eso los geógrafos de tiempos de Roma, especialmente el grecoegipcio Ptolomeo, concedieron a África la dignidad de tercer continente.

Pero reconozcamos los hechos, olvidando accidentes históricos. Prescindiendo del canal de Suez, puede uno ir desde el cabo de Buena Esperanza hasta el estrecho de Bering o a Portugal o Laponia sin cruzar agua salada; así que ese conjunto de tierras forma un solo continente. Tal continente único no tiene nombre admitido por todos; y llamarlo Eurafrasia, como yo he estado tentado de proponer, es ridículo.

Pero podemos pensar de esta manera: ese conjunto de tierras es enorme, pero finito, rodeado de océanos por todas partes. Por tanto, es una isla, vasta desde luego, pero isla. Pues si lo tenemos en cuenta, le encontramos un nombre, usado a veces por los geopolíticos. Es la «Isla Mundial». El nombre parece indicar que el triple continente Europa-Asia-

África comprende todo el mundo, y ya veis que así es casi. Mirad la tabla 20 y permitidme advertiros de que esta y las sucesivas tablas de este artículo consignan bien las extensiones; pero las poblaciones son a veces bastante dudosas. He intentado hallar en mi biblioteca cifras de población media en 1960, pero no siempre lo he conseguido; y aun las cifras que hay llevan con demasiada frecuencia la nota «estimación» y pueden estar bien lejos de la verdad...; pero haré lo que pueda.

Tabla 20. La Isla Mundial

	Extensión (km^2)	Población
Asia	42.735.000	1.580.000.000
África	29.785.000	290.000.000
Europa	9.842.000	640.000.000
Isla Mundial	82.362.000	2.510.000.000

La Isla Mundial comprende más de la mitad del área total de las tierras del globo. Más importante: comprende tres cuartos de la población mundial. Tiene derecho a su nombre.

La única tierra comparable, aunque de lejos, con la Isla Mundial en área y población es el continente americano, descubierto primero por asiáticos primitivos, hace muchos milenios; después por el navegante islandés Leif Ericson el año 1000 d. C.; y finalmente en 1497 por el navegante italiano Giovanni Caboto (John Cabot para los ingleses, que utilizaron sus servicios). No cito a Colón porque antes de 1497 descubrió sólo islas. América continental no la tocó hasta 1498.

Colón creyó que la nueva tierra firme era parte de Asia, y lo parecía, en efecto. Su completa independencia física de Asia no se demostró hasta 1728, cuando el navegante danés Vitus Bering, empleado por los rusos, exploró el hoy llamado mar de Bering y atravesó a vela el hoy llamado estrecho de Bering, para probar que Siberia y Alaska no están enlazadas.

Hay, pues, en el mundo una segunda inmensa isla, que se divide tradicionalmente en dos continentes: América del Norte y América del Sur. Pero prescindiendo del canal artificial del Panamá, ambos están unidos, y se puede ir de Alaska a Patagonia sin cruzar agua salada. No hay nombre conveniente para los continentes unidos. Llamarles «las Américas» sería usar un nombre plural para un sistema único de tierras, y por ese motivo yo lo rechazo.

Me permito proponer un nombre de mi invención: la «Isla del Nuevo Mundo». Se funda en la denominación común, aunque anticuada, de «Nuevo Mundo» para las Américas. Además indica, entre la Isla del Mundo y la Isla del Nuevo Mundo, la misma relación que existe entre Inglaterra y Nueva Inglaterra o entre York y Nueva York.

La tabla 21 presenta las estadísticas demográficas de la Isla del Nuevo Mundo. Como veis, ésta tiene como la mitad de la extensión de la Isla Mundial, pero sólo un poco más del sexto de su población.

TABLA 21. Isla del Nuevo Mundo

	Extensión (km^2)	*Población*
América el Norte	24.307.150	275.000.000
América del Sur	18.220.700	157.000.000
Isla del Nuevo Mundo.	42.527.850	432.000.000

Hay otras dos tierras bastante grandes para ser consideradas continentes y otra que es intermedia y suele considerarse demasiado pequeña para continente. Son, por orden de tamaño, la Antártida (contando la cubierta de hielo), Australia y Groenlandia.

Como Groenlandia está casi despoblada, la incluiremos por pura formalidad en el grupo de lo que podríamos llamar «islas continentales», para quitárnosla de encima. Reseñando este grupo, podremos volver la atención a las islas menores que Groenlandia.

La tabla 22 contiene datos de las islas continentales.

TABLA 22. ISLAS CONTINENTALES

	Extensión (km^2)	Población
Isla Mundial...............	82.362.000	2.510.000.000
Isla del Nuevo Mundo.	42.527.800	432.000.000
Antártida....................	13.209.000	
Australia.....................	7.692.300	11.000.000
Groenlandia................	2.175.600	25.000

Es a los núcleos de tierras restantes, menores todos que Groenlandia, a los que solemos referirnos cuando hablamos de «islas». De aquí en adelante, lo que llamamos «islas» en este capítulo serán, pues, los núcleos de tierra menores que Groenlandia y cercados del todo por el mar.

Hay muchos miles de esas islas, y representan una proporción en modo alguno despreciable de las tierras firmes del mundo. En total, según mis estimaciones, las islas cubren una extensión de unos 6.475.000 km^2; casi tan grande como Australia. La población total aproximada es de 350 millones; más «continental» todavía, pues supera claramente la población total de Norteamérica.

Dicho de otro modo, un ser humano de cada diez vive en una isla menor que Groenlandia.

Respecto a esas islas, hay varias estadísticas útiles que presentar. Las primeras y más obligadas son las relativas a su extensión. Las cinco más extensas son las reseñadas en la tabla 23.

TABLA 23. LAS ISLAS MAYORES

	Extensión (km^2)
Nueva Guinea	808.930
Borneo	751.840
Madagascar	595.790
Baffin	522.140
Sumatra	422.550

La isla mayor, Nueva Guinea, se prolonga en una longitud máxima de 2.570 km. Puesta en los Estados Unidos llegaría de Nueva York a Denver. Es un 15 por 100 más extensa que Texas. Tiene la mayor y más elevada cordillera, fuera de las islas Mundial y del Nuevo Mundo, y la habitan pueblos de los más primitivos de la tierra.

De las cinco mayores islas, otras dos pertenecen al mismo grupo que Nueva Guinea. Ésta, Borneo y Sumatra forman parte de lo que solía llamarse «Indias Orientales», archipiélago que cubre 6.400 km de océano entre Asia y Australia, el mayor con mucho del globo, pues suma un área de cerca de 2.600.000 km^2, que contiene, por tanto, como el 40 por 100 de la extensión isleña del mundo.

Madagascar parece, en cierto modo, una isla de las Indias Orientales, corrida 6.500 km hacia el oeste, hasta el otro extremo del océano Índico. Tiene aproximadamente la forma de Sumatra y su tamaño es intermedio entre ésta y Borneo.

Hasta su población indígena tiene más afinidad con las del sudeste asiático que con las de la vecina África.

Entre estas cinco gigantes, sólo la isla de Baffin se aparta de ese patrón. Pertenece al archipiélago del norte del Canadá, y está situada entre la boca de la bahía de Hudson y la costa de Groenlandia.

Es bien raro que ninguna de las cinco islas mayores sea gigantesca en población. Hay tres islas, en cambio, distintas de éstas, que reúnen entre las tres bastante más de la mitad de la población insular del mundo. La más populosa no es conocida, probablemente, de nombre por muchísimos norteamericanos. Es Honshu, y antes de que os deis por vencidos os explicaré que es la mayor del Japón, la isla en que está Tokio. Las tres vienen reseñadas en la tabla 24.

Tabla 24. Las islas más pobladas

	Extensión (km^2)	Orden por tamaños	Población
Honshu..................	236.410	6	72.000.000
Java........................	125.625	12	66.000.000
Gran Bretaña	228.264	7	54.000.000

Java es la más densamente poblada de las islas grandes (digo grandes para excluir islas como Manhattan). Tiene 1.350 habitantes por milla cuadrada, que es ocho veces justas la densidad de Europa. Tiene $1^1/_6$ veces la densidad de Bélgica, que es la nación europea más densamente poblada; hecho aún más notable por la alta industrialización de Bélgica, mientras que Java es más bien agrícola; pues suele suponerse que una zona industrializada mantiene mayor población que una agrícola. Desde luego, el nivel de vida belga es muy superior al de Java.

Muy detrás de esas tres, hay otras cuatro islas con más de 10 millones de habitantes. Vienen reseñadas en la tabla 25. (Por cierto que Kyushu es también una isla japonesa.)

Tabla 25. Islas de población moderada

	Extensión (km²)	Orden por tamaños	Población
Kyushu..................	38.310	30	13.000.000
Sumatra.................	422.550	5	12.500.000
Formosa................	35.880	24	12.430.000
Ceilán.....................	65.610	14	11.000.000

Nótese que las siete islas más populosas están en el hemisferio oriental, todas junto a la Isla Mundial, o entre ella y Australia. La isla más populosa del hemisferio occidental es también una que probablemente pocos norteamericanos sabrían nombrar: la Hispaniola*, en la cual están Haití y la República Dominicana. Tiene 8.200.000 habitantes.

Suele pensarse que las grandes potencias están localizadas en continentes. Menos una, todas las grandes potencias continentales de la historia estuvieron situadas en la Isla Mundial. Esa única excepción son los Estados Unidos.

Al continentalismo de las grandes potencias, la gran excepción es, claro está, la Gran Bretaña[1]. En tiempos más recientes, el Japón es otra. Realmente Gran Bretaña y Japón son las únicas potencias insulares que tuvieron independencia absoluta toda la Edad Media y Moderna.

---

* Los hispanos la llamamos ahora «Santo Domingo», aunque antiguamente la nombrábamos también Hispaniola, como Colón la llamó. *(N. del T.)*.

1. No voy a distinguir entre Inglaterra, Gran Bretaña, el Reino Unido y las Islas Británicas. Podría hacerlo, si quisiese, pero no temáis.

Pero hoy, si no he contado mal, y de fijo me lo advertirían muy pronto muchos amables lectores, hay nada menos que veintiuna naciones insulares; veintiuna naciones independientes, es decir, cuyo territorio se halla en una isla o grupo de ellas y que carecen de base importante tanto en la Isla Mundial como en la del Nuevo Mundo.

Una de esas naciones, Australia, es realmente continental, por general convenio; pero la incluiré aquí para ser completo. La tabla 26 contiene las 21 naciones insulares, por orden de población.

TABLA 26. NACIONES INSULARES

	Extensión (km^2)	Población
Indonesia	1.904.300	102.200.000
Japón	369.700	97.790.000
Gran Bretaña	253.600	54.066.000
Filipinas	303.200	32.629.000
China Nacionalista	35.960	12.429.000
Australia	7.694.900	11.313.000
Ceilán	65.610	11.000.000
Cuba	114.500	7.631.000
Malgasia	595.790	6.180.000
Haití	44.390	4.660.000
República Dominicana	48.730	3.573.000
Irlanda	70.280	2.849.000
Nueva Zelanda	268.680	2.641.000
Singapur	1.098	1.844.000
Jamaica	10.960	1.745.000
Trinidad y Tobago	5.128	949.000
Chipre	9.251	594.000
Malta	316	326.000
Islandia	103.000	190.200
Samoa Occidental	2.840	122.000
Islas Maldivas	298	70.000

Esta tabla requiere algunas explicaciones complementarias. Primero: la divergencia entre la extensión de Gran Bretaña como isla y como nación es debida a que, como nación, incluye ciertos territorios fuera de su isla madre, especialmente Irlanda del Norte. Indonesia comprende la mayor parte, pero no todo el archipiélago que yo vengo llamando Indias Orientales. China Nacionalista ocupa la isla de Formosa y Malgasia la isla de Madagascar.

Prácticamente todos los isleños son ahora ciudadanos de naciones insulares independientes. Las mayores islas, o partes de islas, que según mis recuerdos son aún colonias en el viejo sentido son: la mitad oriental de Nueva Guinea (2.000.000 de habitantes), que pertenece a Australia; y Mauricio (721.000 habitantes) y las islas Fiyi (435.000), que pertenecen a Gran Bretaña. Francamente, yo no sé cómo clasificar a Puerto Rico; tiene amplia autonomía, pero si se la cuenta como colonia estadounidense, creo que puede titulársela la isla más populosa no independiente que queda (2.350.000 habitantes).

Como se ve en la tabla 26, la nación insular más populosa no es ni Japón ni Gran Bretaña, sino Indonesia; como que es la quinta nación del mundo en habitantes. Sólo la superan en población: China, India, la Unión Soviética y Estados Unidos, todas de extensión gigantesca.

Las únicas naciones insulares que ocupan menos de una isla son Haití y la República Dominicana, que se reparten la Hispaniola, e Irlanda, cuyos seis condados del NE aún pertenecen a Gran Bretaña. La única nación insular con parte de sus islas pertenecientes a naciones de base continental es Indonesia. Un pedazo de Borneo, isla en su mayor parte indonésica, pertenece a la nueva nación de Malasia, radicada en el Asia vecina. La mitad oriental de Nueva Guinea (la occidental es indonésica) pertenece a Australia; y la mitad nordeste de la pequeña isla indonésica de Timor pertenece a Portugal.

Otro honor tiene Indonesia: el de ser la única nación retirada voluntariamente de las Naciones Unidas.

Por su parte, Samoa Occidental es la única, entre las naciones que alcanzaron su independencia después de la Segunda Guerra Mundial, que decidió voluntariamente no incorporarse, por el momento, a las Naciones Unidas.

En esas naciones insulares hay 17 ciudades de un millón o más de habitantes. La tabla 27 las relaciona por orden de población, pero os prevengo de que algunas de las cifras no son de gran confianza.

Tabla 27. Ciudades insulares

Ciudad	Nación	Habitantes
Tokio	Japón	10.500.000
Londres	Gran Bretaña	8.350.000
Osaka	Japón	3.196.000
Yakarta	Indonesia	2.975.000
Sydney	Australia	2.220.000
Melbourne	Australia	2.003.000
Nagoya	Japón	1.858.000
Kobe	Japón	1.680.000
Yokohama	Japón	1.585.000
La Habana	Cuba	1.450.000
Kioto	Japón	1.400.000
Birmingham	Gran Bretaña	1.200.000
Manila	Filipinas	1.140.000
Surabaja	Indonesia	1.135.000
Glasgow	Gran Bretaña	1.020.000
Bandung	Indonesia	1.000.000
Taipei	China Nacionalista	1.000.000

Entre éstas, es ciertamente notable Tokio, pues acaso sea la ciudad mayor del mundo. Digo acaso porque hay otra aspirante a ese título: Shanghai. Las estadísticas demográficas de la República Popular China (China comunista) son algo fluctuantes; pero no es imposible que la población de Shanghai –ciudad continental– llegue a 10.700.000 habitantes, aunque otros dan cifras de sólo 7.000.000.

Nueva York, la mayor ciudad de la Isla del Nuevo Mundo, no pasa de un cuarto puesto, tras Tokio, Shanghai y el Gran Londres. Claro que Nueva York se asienta en su mayor parte en islas; sólo uno de sus barrios, el Bronx, es indiscutiblemente continental. Pero Nueva York no está en una isla, en el mismo sentido que Tokio o Londres.

Prescindiendo de Nueva York, como caso dudoso, la mayor ciudad insular del hemisferio occidental y la única de ese hemisferio que pasa del millón de habitantes es La Habana, aunque recientemente acaso haya decaído su población.

Ya sólo queda un detalle. Al restringir el estudio de las islas a las rodeadas de agua salada, ¿nos habremos visto obligados a prescindir de islas importantes en agua dulce?

Sólo hay una digna de mención, por lo grande, no por lo poblada. Es una isla fluvial y, fuera del Brasil, hay pocas personas en el mundo que la conozcan. Es la de Marajó, «encestada», como un enorme balón, en el hueco formado por la boca del Amazonas.

Tiene 161 km de anchura y un área de 36.260 km². Es mayor que Formosa, y si la incluyésemos entre las verdaderas islas del mar sería la número 33 del mundo en tamaño, que no es poco para una isla fluvial. Pero es una tierra baja, pantanosa, frecuentemente inundada y está casi en el ecuador. Casi nadie la habita.

Pero su sola existencia muestra lo monstruoso que es el Amazonas... Pero ahora no tratábamos de ríos; acaso otra vez.

Signo de admiración

Puedo aseguraros que un amor no correspondido es cosa triste; pues bien, sabed que yo amo a la matemática y ella no me hace caso.

Sé, eso sí, manejar bastante bien cuestiones de la parte elemental, pero en cuanto se necesita sutileza de visión, «ella» se va con cualquier otro; no le intereso.

Me consta esto porque a veces, de tarde en tarde, me armo de lápiz y papel en busca de algún gran descubrimiento matemático; y hasta ahora sólo he obtenido dos clases de resultados; 1.ª, descubrimientos completamente correctos, que resultaron muy antiguos; y 2.ª, descubrimientos originales del todo, que resultaron completamente falsos.

Como ejemplo de la primera clase, yo descubrí de muy joven que sumando los impares sucesivos resultaban los sucesivos cuadrados. A saber: $1 = 1$; $1 + 3 = 4$; $1 + 3 + 5 = 9$; $1 + 3 + 5 + 7 = 16$ y así sucesivamente. Por desgracia, Pitágoras también lo sabía en el año 500 a.C., y sospecho que algún babilonio lo sabía ya en el año 1500 a.C.

Un ejemplo de la segunda clase de resultados se refiere al último teorema de Fermat[1]. Pensaba yo en él hace un par de

---

1. No voy a explicar aquí el teorema. Baste decir que es el problema no resuelto más famoso de las matemáticas.

meses, cuando me hirió un súbito rayo de lucidez, y dentro de mi mollera brilló una especie de efluvio luminoso. *¡Yo podía demostrar el último teorema de Fermat de un modo muy sencillo!*

Cuando os diga que los más grandes matemáticos de los tres últimos siglos han atacado ese teorema con herramientas matemáticas más refinadas cada vez, y han fracasado todos, os daréis cuenta de qué rasgo de genio inigualado era el mío, al triunfar con sólo razonamientos aritméticos corrientes.

Mi delirio de éxtasis no me cegó completamente al hecho de que mi demostración dependía de una hipótesis, muy fácil de comprobar con lápiz y papel. Subí las escaleras de mi despacho a realizar la comprobación, pisando con grandes precauciones, para no perturbar la luz interior de mi mollera.

Lo habréis adivinado de seguro: en pocos minutos mi hipótesis resultó ser totalmente falsa. El último teorema de Fermat seguía sin demostrar, después de todo; y yo quedé sin más resplandor que la luz del día, sentado ante mi mesa, defraudado y mísero.

Pero ahora que ya estoy repuesto del todo recuerdo este episodio con cierta complacencia. Al cabo, durante cinco minutos estuve *convencido* de que pronto se me reconocería en todo el mundo como el más famoso matemático viviente, y no puedo expresaros lo maravilloso de esa convicción mientras duró.

A la larga creo, sin embargo, que los «descubrimientos» antiguos verdaderos, aun los menores, son preferibles a los originales falsos, aun los mejores. Sacaré, pues, a relucir, para recrearos, un pequeño descubrimiento mío, que hice hace pocos días, pero que –estoy seguro– tiene en realidad más de tres siglos. Sin embargo, como no lo he visto en ninguna parte, hasta que algún amable lector no me diga quién lo inventó primero y cuándo, denominaré mi descubrimiento «la serie de Asimov».

Pero empecemos por explicar los antecedentes.

Consideremos la expresión $(1 + 1/n)^n$, en que n puede tomarse igual a cualquier número entero. Probemos con unos cuantos números.

Si $n = 1$, la expresión se convierte en $(1 + 1/1)^1 = 2$; si $n = 2$, la expresión pasa a $(1 + 1/2)^2 = (3/2)^2 = 9/4$, o sea, 2,25. Para $n = 3$, la expresión vale $(1 + 1/3)^3 = (4/3)^3 = 64/27$, o sea, unos 2,3074.

Construyamos la tabla 28, de los valores de dicha expresión para unos cuantos valores de n.

Tabla 28

n	$(n + 1/n)^n$
1	2
2	2,25
3	2,3074
4	2,4474
5	2,4888
10	2,5936
20	2,6534
50	2,6915
100	2,7051
200	2,7164

Como veis, cuanto mayor es n, más vale la expresión $(1 + 1/n)^n$. Sin embargo, el valor de dicha expresión crece cada vez más despacio, al crecer n. Al duplicarse n de 1 a 2, el valor de la expresión aumenta 0,25. Al duplicarse n de 100 a 200, la expresión sólo aumenta 0,0113.

Los sucesivos valores de la expresión forman una «sucesión convergente», que tiende a un determinado límite. Es decir, que cuanto más crece n, más se acerca la expresión a un límite determinado, sin alcanzarlo jamás, ni menos sobrepasarlo.

Ese valor límite de la expresión $(1 + 1/n)^n$, al aumentar n ilimitadamente, es un número con infinitas cifras decimales, y su símbolo convencional es e.

Ocurre que el número e es en extremo importante para los matemáticos, quienes utilizando computadoras han calculado su valor con miles de cifras decimales. ¿Os conformáis con cincuenta? Bueno, pues el valor de e es: 2,7182818 2845904523536028747135266249775724709369995.

Os preguntaréis cómo calculan los matemáticos el límite de esa expresión con tantas cifras decimales. Yo, aun poniendo $n = 200$ y calculándome $(1 + 1/200)^{200}$, sólo obtuve dos cifras decimales exactas de e. Y tampoco puedo utilizar valores de n mayores que 200. El cálculo para $n + 200$ lo hice con tablas de logaritmos de cinco cifras, únicas disponibles en mi biblioteca; pero ésas no dan suficiente exactitud para introducir valores de n que pasen de 200. En realidad, tampoco me fío de mi valor para $n = 200$.

Afortunadamente, hay otros modos de determinar e. Consideremos la serie:

$$2 + 1/2 + 1/6 + 1/24 + 1/120 + 1/720 + \ldots$$

He tomado seis términos de los infinitos que tiene la serie y las sumas sucesivas son:

2	= 2
2 + 1/2	= 2,5
2 + 1/2 + 1/6	= 2,666...
2 + 1/2 + 1/6 + 1/24	= 2,708333...
2 + 1/2 + 1/6 + 1/24 + 1/120	= 2,71666...
2 + 1/2 + 1/6 + 1/24 + 1/120 + 1/720	= 2,7180555...

Es decir, que una sencilla suma de seis números, para la cual no hacen ninguna falta tablas de logaritmos, nos da tres cifras decimales exactas de e.

Si añadimos un séptimo término de la serie, luego un octavo, etc., podemos obtener un número sorprendente de nuevas cifras decimales exactas de e. Desde luego, la computadora que obtuvo el valor de e con miles de cifras utilizó la serie aquí transcrita, sumando miles de términos de ella.

Pero, ¿cómo se sabe cuál será el término siguiente de la serie? En una serie matemática utilizable debe haber un modo de predecir cada término a partir del primero. Si yo os presento la serie $1/2 + 1/3 + 1/4 + 1/5 + ...$, vosotros continuaréis sin vacilar $+ 1/6 + 1/7 + 1/8 + ...$ Análogamente, si una serie comienza por $1/2 + 1/4 + 1/8 + 1/16 + ...$, vosotros no dudaréis en continuarla $+ 1/32 + 1/64 + 1/128 + ...$

En verdad sería un interesante juego de salón para aficionados a cálculos iniciar una serie y preguntar el término siguiente. Como ejemplos fáciles, considerad

$$2, \quad 3, \quad 5, \quad 7, \quad 11, \quad ...$$
$$2, \quad 8, \quad 18, \quad 32, \quad 50, \quad ...$$

Como la sucesión primera es la de los números primos, es obvio que el término siguiente será 13. Los términos de la segunda sucesión son dobles de los sucesivos cuadrados, luego el término siguiente será 72.

Pero, ¿qué vamos a hacer con una serie como la $2 + 1/2 + 1/6 + 1/24 + 1/120 + 1/720...$? ¿Cuál será el término siguiente? Si se sabe, la pregunta es obvia; pero el que no lo sepa ¿será capaz de averiguarlo? ¿Podéis averiguarlo vosotros, si no lo sabéis?

Por unos momentos voy a permitirme cambiar radicalmente de tema.

¿Ha leído alguno de vosotros *Nueve sastres,* de Dorothy Sayer? Yo lo leí hace muchos años. Es una novela policíaca, pero yo no recuerdo nada del crimen, ni de los personajes, ni de la acción, ni de nada, salvo una cosa: que hablaba de «variar los tañidos».

Al parecer, como fui enterándome al leer el libro, para «variar los tañidos» se tiene una serie de campanas que dan notas diferentes; un hombre tiene asida la cuerda de cada una. Las campanas se tocan por orden: do, re, mi, fa, etc. Luego vuelven a tocarse en un orden distinto; luego en otro distinto...

Así se sigue hasta agotar todos los órdenes en que pueden tocarse las campanas. Al hacerlo hay que observar ciertas reglas; por ejemplo, entre dos toques sucesivos no puede variarse en más de un lugar el orden en que suena cada campana. Hay varios tipos de cambios de orden interesantes en sí, en las distintas clases de toques. Pero aquí sólo nos interesa el número total de órdenes posibles, entre un número fijo de campanas.

Simbolicemos una campana por un signo de admiración (!), que representa su badajo; así que 1! se refiere a una campana, 2! a dos campanas, etc., pero significando siempre el número de órdenes en que pueden tocarse esas campanas.

«Ninguna campana» sólo puede tocarse de un modo: no tocándola; luego $0! = 1$. Una campana, sólo de una manera: ¡tan!; luego $1! = 1$. Dos campanas a y b pueden evidentemente tocarse en dos órdenes: a, b y b, a; luego $2! = 2$.

Tres campanas a, b y c pueden tocarse en seis órdenes: *abc, acb, bac, bca, cab, cba* y nada más; luego $3! = 6$. Cuatro campanas pueden tocarse en veinticuatro órdenes distintos. Haced la prueba, y si demostráis que son más o menos, habréis conmovido los cimientos de la matemática, pero no creo que seáis capaces de hacerlo; así que $4! = 24$.

Cinco campanas (creed mi palabra por unos momentos) pueden tocarse de 120 modos distintos; y seis, de 720 modos; luego $5! = 120$ y $6! = 720$.

Ahora ya iréis adivinando: volvamos a la serie que nos daba el valor de e: $2 + 1/2 + 1/6 + 1/24 + 1/120 + 1/720 + ...$ y escribámosla de este modo:

$$e = 1/0! + 1/1! + 1/2! + 1/3! + 1/4! + 1/5! + 1/6! + ...$$

Ahora ya sabemos formar los términos siguientes: son $1/7!$, $1/8!$, $1/9!$... Hay que saber los valores de $7!$, $8!$, $9!$..., y para eso hay que averiguar el número de órdenes en que pueden tañerse 7, 8, 9... campanas.

Claro que si vais a escribir por tanteo todos los órdenes para luego contarlos, os pasaréis en ello todo el día, y, además, terminaréis cansados y aburridos.

Busquemos, pues, un modo indirecto de contarlos.

Empezaremos por cuatro campanas, porque con menos no hay problema. ¿Qué campana tocaremos primero? Cualquiera de las cuatro, claro; así que tenemos cuatro opciones para el primer lugar. Dentro de cada una de las cuatro, podemos seguir con cualquiera de las tres campanas que no hemos elegido para el primer lugar; así que para los dos primeros lugares de la fila tenemos 4×3 posibilidades. Para cada una de ellas podemos tañer, en tercer lugar, cualquiera de las dos restantes, luego para los tres primeros lugares tenemos $4 \times 3 \times 2$ posibilidades. Para cada una de esas posibilidades ya sólo queda una campana para tocarla en cuarto lugar; luego para los cuatro lugares hay $4 \times 3 \times 2 \times 1$ órdenes posibles.

Podemos, pues, decir que $4! = 4 \times 3 \times 2 \times 1 = 24$.

Si hacemos el razonamiento para un número cualquiera de campanas, alcanzamos análoga conclusión. Para siete campanas, por ejemplo, el número total de órdenes posibles es $7 \times 6 \times 5 \times 4 \times 3 \times 2 \times 1 = 5.040$. Diremos, pues, que $7! = 5.040$.

(El número corriente de campanas que se usan para «variar los tañidos» es siete, serie denominada «un repique». Si se toca la serie completa cada seis segundos, se tardarán ocho horas y veinticuatro minutos en tocarla en los 5.050 órdenes posibles. Y lo ideal es hacerlo sin una sola equivocación. ¡«Variar los tañidos» es una cosa seria!)

Realmente, el símbolo ! no significa «campana». (Yo lo dije como modo ingenioso de entrar en materia.) En realidad, aquí ! sustituye a la palabra «factorial». Así 4! se lee «factorial de cuatro», y 7!, «factorial de siete».

Tales números no sólo representan los órdenes en que pueden tocarse una serie de campanas, sino también los modos de ordenar un grupo de naipes, o de sentarse a la mesa un grupo de personas, etc.

Yo nunca he visto explicada la palabra factorial, pero voy a aventurar una suposición que me parece razonable. Puesto que el número $5.040 = 7 \times 6 \times 5 \times 4 \times 3 \times 2 \times 1$, puede sin duda dividirse exactamente por todos los enteros del 1 al 7 inclusive, o bien, si cada uno de ellos es un factor de 5.040, ¿por qué no llamar a 5.040 factorial de 7?

En el caso general, todos los enteros del 1 al n son factores de $n!$. ¿Por qué no llamar entonces a $n!$ «factorial de n?»

Ahora podemos ver por qué la serie usada para determinar e da tan buen resultado.

Los valores de las factoriales crecen con formidable rapidez, como vemos en la lista de la tabla 29, que sólo llega a 15!

Creciendo con tan enorme rapidez las factoriales, las fracciones que las tienen por denominador tienden forzosamente a anularse. Así el término 1/6! ya sólo vale 1/720, y cuando llegamos al 1/15!, el valor no llega ya a una billonésima.

Cada término con una factorial en el denominador vale más que todos los restantes de la serie juntos. Así 1/15! es mayor que 1/16! + 1/17! + 1/18! + ..., y los infinitos términos siguientes, sumados todos. Y esa preponderancia de cada término sobre la suma de los siguientes aumenta, serie adelante.

Por consiguiente, si sumamos los términos hasta el 14 inclusive, esa suma se queda corta en 1/15! + 1/16! + 1/17! + 1/18 + ..., pero podemos decir que se queda corta en 1/15!, pues la suma que viene detrás es insignificante comparada con 1/15! Y como 1/15! vale menos de una billonésima, es decir, menos de 0,000.000.000.001, el valor de *e* que se obtiene sumando poco más de una docena de términos tiene 11 cifras decimales exactas.

Tabla 29. Las factoriales

0!	1
1!	1
2!	2
3!	6
4!	24
5!	120
6!	720
7!	5.040
8!	40.320
9!	362.880
10!	3.628.800
11!	39.916.800
12!	479.001.600
13!	6.227.020.800
14!	87.178.921.200
15!	1.307.674.368.000

Suponed que sumamos hasta 1/999! (con una computadora, naturalmente). Esa suma se queda corta en 1/1000! Para darnos cuenta de esa aproximación, hemos de formarnos una idea de lo que vale 1/1000! Podríamos hacerlo calculando 1000 × 900 × 998 × ..., pero no lo intentéis; os llevaría toda la vida.

Por fortuna existen fórmulas para calcular factoriales grandes (aproximadamente al menos), y hay tablas que dan los logaritmos de ellas.

Así, log 1.000! = 2.567,6046442. Eso significa que 1000! = 4,024 × 10^{2567}, o sea, aproximadamente un 4 seguido de 2.567 ceros. Si sumamos términos de *e* hasta el 1/999!, la suma sólo se quedará corta en 1/4 × 10^{2567}, y como valor de *e* tendrá 2.566 cifras exactas. (El mejor valor de *e* que se conoce tiene nada menos que 60.000 cifras decimales exactas.)

Permitidme otro inciso para recordar tiempos en que yo hice uso personal de factoriales bastante altas. Cuando yo estaba en el servicio militar, hubo una temporada en que tres compañeros de fatigas y yo jugábamos al bridge día y noche, hasta que uno de ellos interrumpió el juego tirando las cartas y diciendo: «Hemos jugado tantas partidas que están empezando a repetírsenos las cartas».

Yo agradecí enormemente aquella frase, porque me proporcionaba un problema en que pensar.

Cada ordenación de los naipes en una baraja de bridge determina un reparto distinto entre los jugadores. Como son 52 naipes, el número total de repartos es de 52! Pero a cada jugador el orden de sus cartas no le importa. Sus trece naipes son «la misma suerte», sea cualquiera el orden en que las haya recibido. Entre 13 cartas caben 13! órdenes distintos, y eso vale para cada uno de los cuatro jugadores. Por tanto, el número total de repartos posibles en el bridge será el total de ordenaciones, dividido por el número de las ordenaciones que no importan, o sea:

$$52!/(13!)^4$$

No tenía tablas a mano, de modo que lo hice por el camino largo, pero no me importó. Me ocupaba el tiempo y para mis gustos especiales era muy preferible a un juego de bridge. Perdí hace mucho las cifras que hallé entonces, pero ahora puedo repetir el cálculo con ayuda de tablas.

El valor aproximado de 52! es $8,066 \times 10^{67}$. El de 13!, como podéis ver en la tabla de factoriales dada arriba, es $6,227 \times 10^9$, y su potencia cuarta aproximada $1,5 \times 10^{39}$. Dividiendo $8,066 \times 10^{67}$ entre $1,5 \times 10^{39}$, encontramos que el número total de repartos posibles en el bridge es $5,4 \times 10^{28}$, o sea, 54.000.000.000.000.000.000.000.000.000, es decir, 54.000 cuatrillones.

Se lo comuniqué a mis amigos diciéndoles: «No es probable que repitamos las partidas. Podríamos jugar un billón de partidas por segundo, durante mil millones de años, sin repetir ni una sola».

Me pagaron con absoluta incredulidad. El que se había quejado primero dijo amablemente: «Pero hombre ¡si sabes que sólo hay 52 cartas!», me llevó a un rincón tranquilo del cuartel y me dijo que me sentase a descansar un rato.

Realmente, la serie usada para calcular e es sólo un caso particular de una fórmula general. Puede demostrarse que

$$e^x = x^0/0! + x^1/1! + x^2/2! + x^3/3! + x^4/4! + x^5/5! + \dots$$

Como $x^0 = 1$ para cualquier valor de x, y 0! y 1! valen ambos 1, la serie suele comenzarse $e^x = 1 + x + x^2/2! + x^3/3! + \dots$; pero yo prefiero la forma de arriba. Es más bonita y simétrica.

Ahora bien, e misma puede escribirse e^1. Entonces, la x de la serie general vale 1. Como toda potencia de 1 es 1, serán $x^2 = x^3 = x^4 = \dots = 1$, y la serie se convierte en

$$e^1 = 1/0! + 1/1! + 1/2! + 1/3! + 1/4! + 1/5! + \dots,$$

que es precisamente con la que estuvimos trabajando antes.

Pero tomemos ahora el recíproco de *e*, es decir, 1/*e*. Su valor con 15 cifras decimales es 0,367879441171442.

Ocurre que 1/*e* puede escribirse e^{-1}, lo cual significa que en la fórmula general de e^x podemos sustituir x por -1.

Cuando -1 se eleva a una potencia, si el exponente es par, resulta $+1$; y si es impar, -1. Es decir, que $(-1)^0 = +1$; $(-1)^1 = -1$; $(-1)^2 = +1$; $(-1)^3 = -1$; $(-1)^4 = +1$, y así indefinidamente.

Poniendo, pues, $x = -1$ en la serie general, resulta:

$e^{-1} = (-1)^0/0! + (-1)^1/1! + (-1)^2/2! + (-1)^3/3! + (-1)^4/4! ...$, o sea
$e^{-1} = 1/0! + (-1)/1! + 1/2! + (-1)/3! + 1/4! + (-1)/5! ...$, o bien
$e^{-1} = 1/0! - 1/1! + 1/2! - 1/3! + 1/4 - 1/5! + 1/6! - 1/7! - ...$

Es decir, que la serie 1/*e* es la misma de *e*, salvo que todos los términos pares pasan a ser negativos.

Además, como 1/0! y 1/1! valen ambos 1, los dos primeros términos de 1/*e* son $1 - 1 = 0$. Pueden omitirse y queda

$e^{-1} = 1/2! - 1/3! + 1/4! - 1/5! + 1/6! - 1/7! + 1/8! - 1/9! + 1/10! - ...$

y así indefinidamente.

Y ahora, por fin, llegamos a mi descubrimiento personal. Al mirar la serie para 1/*e* que acabamos de escribir, no pude menos de pensar que la alternativa entre + y − menoscaba su belleza. ¿No habría modo de escribirla con sólo signos + o signos −?

Como una expresión tal como la − 1/3! + 1/4! puede transformarse en −(1/3! − 1/4!), a mí me pareció que podría escribir la serie siguiente:

$e^{-1} = 1/2! - (1/3! - 1/4!) - (1/5! - 1/6!) - (1/7! - 1/8!) - ...$, etc.

Ahora sólo tenemos signos −, pero hay también paréntesis, que representan otro fallo estético.

Consideré, pues, el contenido de los paréntesis. El primero contiene 1/3! − 1/4!, o bien 1/3.2.1 − 1/4.3.2.1. Esto equivale a (4 − 1)/4!, o sea, a 3/4! Del mismo modo 1/5! − 1/6!; 1/7! − 1/8! = 7/8!, y así indefinidamente.

Quedé asombrado y en extremo complacido, pues ya tenía la serie de Asimov, que es:

$$e^{-1} = 1/2! - 3/4. - 5/6! - 7/8! - 9/10! - \ldots$$

etcétera, etcétera.

Estoy seguro de que esta serie es de evidencia inmediata para cualquier verdadero matemático, y de que lleva tres siglos en algunos textos; pero yo nunca la he encontrado, y mientras nadie me la enseñe, seguiré llamándola «la serie de Asimov».

En la serie de Asimov no sólo son negativos todos los signos, salvo el positivo sobreentendido ante el primer término, sino que están todos los enteros por orden. Imposible pedir nada más bonito que eso. Terminemos calculando unas cuantas sumas parciales:

```
1/2!                       = 0,5
1/2! − 3/4!                = 0,37
1/2! − 3/4! − 5/6!         = 0,3680555
1/2! − 3/4! − 5/6! − 7/8!  = 0,3678819
```

Como veis, con sólo sumar cuatro términos de la serie obtengo un resultado que sólo excede 0,0000025 del verdadero; un error de una parte en algo menos de 150.000, o aproximadamente de 1/1.500 del 1 por 100.

Así que os equivocáis si creéis que el «signo de admiración» del título se refiere sólo al símbolo de factorial. Indica aún más mi complacencia y admiración ante la serie de Asimov.

P. S. Para evitar el signo + omitido en la serie, algunos lectores, después de publicado este capítulo, propusieron escribir la serie: −(−1/0!) − 1/2! − 3/4! − ... Así, todos los términos serán efectivamente negativos, incluso el primero; pero tendríamos que salirnos del dominio de los números naturales para incluir 0 y − 1, desluciendo un poco la severa belleza de la serie.

Otra alternativa propuesta es 0/1! + 2/3! + 4/5! + 6/7! + 8/9!, que da también 1/e. Sólo tiene signos positivos, que son más bonitos en mi opinión que los negativos, pero en cambio tiene un cero.

Todavía otro lector propuso una serie análoga para e misma, a saber: 2/1! + 4/3! + 6/5! + 8/7! + 10/9! + ... La inversión del orden natural de los números le quita algo de método, pero le da un cierto toque de atractiva gracia; ¿verdad?

¡Oh!, si la matemática me quisiese tanto como yo a ella...

Índice

El primer metal 9

El séptimo metal 23

El metal predicho 36

Cómo averiguar quién es químico 49

Los lagartos terribles 63

Monstruos agonizantes 78

Contando cromosomas 92

Orificios en la cabeza 107

¡Oh! El Este es Oeste y el Oeste es Este 121

Agua, agua por doquier 134

Alturas y depresiones terrestres 148

Las islas del mundo 163

Signo de admiración 178

Isaac Asimov

Cien preguntas básicas sobre la ciencia

CT 2003

Este volumen recoge las respuestas dadas por ISAAC ASIMOV a las preguntas formuladas por los lectores de la revista norteamericana *Science Digest*. ¿Qué hay más allá del universo?, ¿qué es un agujero negro?, ¿por qué la Luna nos muestra siempre la misma cara?, ¿en qué consiste la teoría de la relatividad de Einstein?, ¿se puede convertir la energía en materia?, ¿cómo empezó la vida?; tales son algunas de las cuestiones planteadas en CIEN PREGUNTAS BÁSICAS SOBRE LA CIENCIA, que Asimov responde con su habitual precisión, en su afán por divulgar el conocimiento científico entre el gran público.

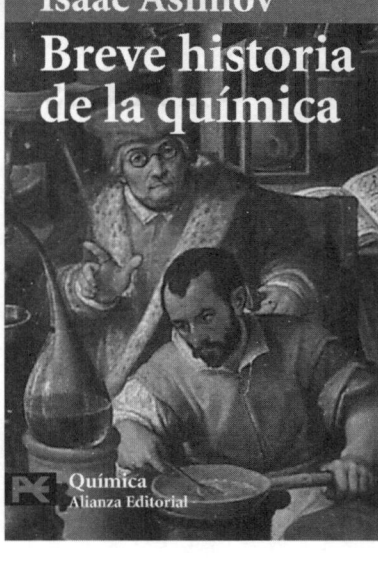

Isaac Asimov
Breve historia de la química

CT 2101

La concisión, amenidad y eficacia didáctica características de ISAAC ASIMOV hacen de esta BREVE HISTORIA DE LA QUÍMICA un instrumento inmejorable para todo aquel que esté interesado en aproximarse a esta ciencia. Asimov traza la evolución de este ámbito de conocimiento desde el momento en que el hombre comenzó a efectuar alteraciones en la naturaleza de las sustancias de una forma intuitiva, hasta la edad moderna, momento en el que, a través de la adquisición progresiva de rigor metodológico y la acotación del terreno de estudio, se va constituyendo plenamente como disciplina científica.

CT 2502

Movido por su interés en la divulgación de los principios científicos, ISAAC ASIMOV analiza en GRANDES IDEAS DE LA CIENCIA las hipótesis y descubrimientos que destacados personajes llevaron a cabo a lo largo de la historia, y que hicieron posible la evolución de sus respectivos ámbitos de conocimiento: Tales y Pitágoras en las matemáticas, Hipócrates en la medicina, Linneo y Darwin en la biología, Galileo, Russell y Wöhler en la astronomía, Faraday, Rumford y Planck en el ámbito de la física, son algunos de los casos que el autor utiliza para realizar un ameno recorrido por la evolución del saber científico.